U0084432

山林書院叢書 2

山災地變 人造孽

二十一世紀台灣主流的土石亂流

陳玉峯・李根政・楊俊朗・楊國禎◎著

~若有國土眾生，應以土石流得度者，
觀音佛祖即現土石流而為說法，令其成就~

前衛出版
AVANGUARD

謹以本書

題獻

賴惠三 先生

文海珍 女士

伉儷

以及台灣諸多基層默默付出的鄉親朋友

謝誌：感謝孫國雄先生惠予使用舊照片四張。

山林書院叢書②

觀音土石流
與
土石流觀音

陳玉峯・李根政・楊俊朗・楊國禎◎著

目次

【第二部分】

李根政、楊俊朗文輯

陳玉峯三十年所為何事

一九八〇年代，陳玉峯投入生態保育、搶救森林的運動，夥同當時台灣知識界抱持天真單純的理想，以為政治上推翻國府政權，諸多環境、土地及文化議題即可迎刃而解。

一九九〇年四月八日，李前總統在花蓮下達產業東移的「訓示」，陳玉峯立即解析東台生態特徵及移民史，分析李登輝只是要掩護特權開採東台水泥礦業。如今，二十餘年飄逝，事實果然如此。

一九九一年，陳玉峯揭發林試所假借研究之名，而行砍伐櫸木原始林之實，連續運動十個月，責成台灣當局頒訂禁伐天然林的禁令。同時，陳玉峯調查、分析紅葉災變土石流的成因，提出台灣政府「零存整付、外加複利」的造災機制，不斷撰文呼籲台灣生態災難即將到來。

一九九一～九三年，陳玉峯發起農林土地關懷運動，提出「農業上山」摧毀國土保安的悲劇，計算茶農每淨賺一

塊錢，台灣社會必將付出三十七～四十四塊錢的社會成本。一九九四年三月，陳玉峯撰文呼籲李前總統，說明水土不保、災變將起的警訊，一九九六年果然發生賀伯災變。

一九九三年秋至一九九四年初，陳水扁立委助理羅文嘉等，會同財訊記者雷壹閑，會同陳玉峯前往郡大林道，揭發林務局林下補植，破壞國寶鳥棲地的問題，由陳水扁立委在立法院舉行公聽會聲討之。一九九四年，陳玉峯傾全力攻擊白河水庫濫墾悲劇及運動。

多年搶救山林土地，陳玉峯聲嘶力竭，不斷為文、演講、運動的結局，在書撰數百萬字之後，一九九六年終於忍無可忍，宣稱「李連政權必須為台灣二十一世紀所有生態災變負責」，而且，陳玉峯的文筆記錄永遠追蹤台灣這筆爛帳，將產、官、學的惡行，逐一記錄。一九九六年，農委會準備毀掉天然林禁伐令，陳玉峯再度應戰，「幸虧」賀伯災變發生，廢禁說被迫無疾而終。

一九九八年起，陳玉峯等民間人士發起搶救棲蘭檜木林運動，李登輝告訴國代們：「不要被環保人士騙了。」陳玉峯宣稱，李登輝一生最大的盲點，就是愧對國土及萬劫不復的生態災難！雖然陳玉峯肯定李登輝對台灣民主的貢獻，但他認為李氏執政十二年，以農務林，打壓民間環運，坐失改造契機，導致今之災變不幸，正是李氏最嚴重愧對台灣後代、無可消除的敗筆。

　　二〇〇〇年前後，陳玉峯數度撰文，提醒陳水扁總統台灣山林水土、文化弊病，二〇〇一年一月三日為陳總統解說棲蘭檜木問題。二〇〇一年，陳玉峯夥同張豐年醫師等，不斷向新政府建言九二一大震後，政府錯誤的邊坡植生 (假生態工法) 爛政，產、官、學的無恥。

　　二〇〇一年，陳水扁政權宣佈要解編保安林，九二一重建委員會大花民脂民膏，持續假借邊坡整治而砍伐、破壞自然演替，陳玉峯宣稱，民進黨執政對台灣人民的最大貢獻，就是讓人民對政治改革死了心，陳玉峯正式告別陪林俊義教授選舉十一年，協助民進黨推翻暴政的階段。二〇〇一年，陳玉峯選擇做個永遠的知識份子。

　　二〇〇一、二〇〇二年，陳玉峯揭開反全球化、反WTO的世界霸權，宣稱投入新世紀台灣與全球的反全球化運動，同時，針對扁政權之反土地、反生態、反文化的無知與無能正式宣戰。

　　二〇〇三年七月二十八日，陳玉峯在總統文化獎公佈記者會上大反蘇花高；同年十一月二十二日，總統文化獎鳳蝶獎頒獎典禮致辭時，在陳前總統面前痛批台灣欠缺土地文化、生界文化，且強調：「鳳蝶獎最重要的意義之一，就是由國家頒獎給一群人，用來監督、反對經常做錯事的國家機器……」

　　陳水扁政權期間，陳玉峯持續反「全民造林」爛政、搶救澎湖吉貝島，並提醒國人森林大浩劫的林木死亡案例隨時爆發，例如針葉林、玉山箭竹等等。而一九九八年以降，陳玉峯賣屋、傾盡個人錢財、募款，設立全國第一所生態學研究所暨學系，並建設生態館一大棟；體制外則辦理七個梯次的「環境佈道師」，培育了現今台灣環境鬥士精英遍佈全國。二○○七年初，繼一九八○年代提出台灣植被帶正在上遷，以三十年實證，公佈台灣海岸植物北移三十至八十公里。

　　二○○七年以降，陳玉峯辭離教職，勘旅全球、搶救印尼熱帶雨林、學習佛法及宗教哲學，探索台灣人文底蘊。

　　二○○八年，政權再度逆轉，破壞山林的惡政借屍還魂。李根政等地球公民基金會持續痛批。

　　二○一二年，陳玉峯籌設「山林書院」，開展21世紀山林、宗教文化運動……

新版序／陳玉峯

2012 年 6 月的「霉雨」成災，以及所謂的「怪」颱泰利，又在台灣掀起老掉牙的泡沫爛劇，劇情千篇一律，一切非常「正常」。

氣候劇變早已是個事實，全球及台灣在 1990 年是個分水大嶺，自此走上大無常，隨時隨地都會有「破記錄」的演出，包括人心的躁動與暴戾。

如今，災後的反省、檢討不僅「了無新意」，較之 30 年來的各種聲浪，其水準，有心讀者可逕自評比，而且，最最根源的「人禍」部分，也就是原始森林被摧毀的議題，已經為世人所遺忘，遑論正本清源。

山林是台灣生態環境病變的自體免疫系統，是台灣的天然防護罩。20 世紀的伐木、農業及觀光上山，摧毀了 6 成以上的原始森林，且其惡果延展到平地大約 40~50 年之後，這是台灣自然生態體系的時差現象 (time lag)；夥同地震等地體變

動、氣象因子極端化或局部參差不齊化，山體潰決或其部分叫做土石流的自然現象，筆者估計 2、3 百年跑不掉 (註：以山的坡度及安息角估算貯存土方體積，集水區系面積、各大水庫的淤積量或平均倒出量，所作計算的預測值)，尤有甚者，以現今台灣土地利用的無遠弗屆，政策及政治選票的操控，筆者等在 2002 年出版的《21 世紀台灣主流的土石亂流》，以及 2、30 年的聲討內容，委實太過保守，現實必將嚴重多多。

1980~1990 年代，筆者眼睜睜看著自己預測的災難一再發生，却始終無能為力扭轉乾坤，只能悲慘、哀痛地面對一次次的鞭笞。21 世紀以降，每逢山林潰決或風水災變，只能是「習得性的無助感」。(註：西方科學殘忍的試驗：電擊狗兒。一開始小電壓，次第增強。狗隻由小叫到歇斯底里，超過一定臨界電壓之後，再大的電擊，狗兒已無反映，純然放棄！)

因為 30 多年的口誅筆伐、運動抗爭、哀求祈神，始終無法改變政策「蓄意的無知」，以及開發派唯利是趨的從中牟利與使壞，更且，最是邪惡的是學界或所謂專家，只為區區微薄小惠，始終不肯面對良知與台灣生界的事實，一再為伐盡原始林、造林、工程等等背書，更且，自然生態系的本質、內涵，無人願意真正去認知。

簡單地說，國人價值系統中沒有原始天然林，更不必說它的內涵、功能、意義。政策、經費、技術、施業等等，始終排除原始或天然林。而放生即放死，造林即造孽的意思，

有權力的人迄今故意無知。舉國做再多，絕大部分的努力都不與土地山林接觸與搭配，甚至只是在傷口灑鹽巴、灌毒藥。更恐怖地，21 世紀的大氣環境因子甚至於原始天然林也漸次走向無能為力，我們徹徹底底拋棄這片土地 250 萬年來老天最鉅大的恩典。1950 年迄今的台灣人是「背德者」！但絕大部分的人毫不知情。

過往的災變尚會檢討天災或人禍，如今，明明是人禍，却可推給地球暖化，即令誰人都知暖化是人禍。數十年數十百件劫難的「反省」，熱度都不超過一個月，如今時程更短，但反省結果，千篇一律產、官、學、工程合力賺大錢、花大錢，而山林土地愈加殘破、每況愈下，諷刺的是，「生態」名詞滿天震響，內容却荒腔走板、反生態或只是人心的「變態」！

因為災變，李前總統治下搞出個反生態、砍大樹種小苗的「全民造林」；陳前總統時代，我們花了 7 年以上時程，總算在游錫堃行政院長任內，終止此一掛羊頭賣狗肉的惡政。不料馬總統一上台，立即死灰復燃、借屍還魂還加碼上演。加上為種香菇盜伐天然殼斗科林木、山老鼠族群旺盛，夥同從來沒有停止擴大的農業上山，向天搶地的山地開發未曾一日稍減。

試看百餘年來台灣茶葉的發展即可瞭解。先是丘陵、淺山，而後鹿谷、杉林溪，再則阿里山公路、玉山，近年則梨

山、大禹嶺。這些地名只是代表性,實質上代表百年間,台灣茶作從低地直逼 3,000 公尺海拔,入侵降雪地區也佈滿茶園。1991~1993 年筆者估算高山茶每淨賺 1 塊錢,台灣社會得付出社會成本 37~44 塊錢,且預測大災難即將來臨,1996 賀伯災變證明筆者計算錯誤,少算 1~2 個零!而當年抗爭、運動,朝野各院檢討的結果,幾盡所有違規、違法案例就地合法,還因陸客湧進而阿里山茶蜚聲國際。前此,筆者預估阿里山將消失於 21 世紀的前半葉,無論是飯包服山蝕解而鐵公路徹底截斷,或阿里山區本身崩解。

試看半個世紀來 3 條橫貫公路、新中橫,以及多如牛毛的山區道路的命運或境遇。南橫一年通幾天?中橫西半段還要搶通?新中橫何時可通車?如今橫向快速道路表面上四通八達,不出 20 年,必將災變環生,苦難層出不窮。而西部賽勝微血管的縱橫交通網,台灣真的需要這些尾大不掉的「路障」嗎?

「無限成長」、「經濟掛帥」(假經濟)、「欠缺主體、靈魂」、「唯物、唯用主義」、「奴才思想」、「虛偽的買空賣空」……都是這個政權污染台灣的惡質文化,而台灣之所以尚得維持基本穩定,端賴「無功用行」的草根、普羅。

政權、國號隨時可替換,人民的素質與水準才是永遠的希望。草根撐起台灣的苦難,外來政權卻無時不刻不在終結、凌遲它!多年來筆者不斷呼籲各行業界、各黨各派,應

予統合凝聚共識，不管誰人當總統，無論任何黨執政，台灣早該訂出永世國土實質的整合計畫，分階段持續真正執行。也就是說，訂出跨時代、超黨派的最大公約數，用以處理國土、環境、生態議題。台灣要終止環境、生界的惡化，一貫、長遠的亡羊補牢、救贖計畫，至少也需要半個世紀以上才能湊膚功。目前，所有治山防洪、國土計畫、災難整治的工作計畫，筆者完全不看好，但有部分不得不做，而大部分的工程卻是在儲備、建設更龐大的未來災難。

筆者不是唱衰台灣，也不純然是「習得性無助感」的那條狗。長年來筆者只能一步一腳印地永不退轉！無論多大挫折與椎心之痛，只能不斷地戰鬥。如果筆者有前世，必也是森林中的修行人；如果筆者有來生，希望是最最惡劣土石流地區的一株大樹。在被磨碎，在粉身碎骨之前，筆者還是吶喊，還是要伸出每條根系。早就發願：過去戰鬥、現在戰鬥、將來戰鬥、死後戰鬥！

5 年來筆者拋下教職、社會人際等等，專心從印度佛教史、大乘流變，以迄台灣宗教哲思的探索，嘗試彌補在天、地、人、生界(物) 各面向，整合全方位思惟的流暢，打通自己對台灣文化、現象的銜接、連通的一貫道理，如今略識此間內在幽微。

台灣人在全球人種族群中的最大特徵或素養，在於禪宗「無功用行」的赤真情操，而在歷代外來統治政權當中，以

明鄭及日治時代將之發揮得相對透徹，可惜主體性在日治時代，因軍國主義而未能伸展，加上全民民智的進展有其大時代背景的圍限。接著，「回歸祖國」的時代，統治強權否定台人 (很大原因係仇日心態的池魚之災) 全面人權、主體尊嚴等等基本公義，在教育、思想灌輸面向，走上犧牲台灣，以成就台灣境外的政治目的，不願面對、善待台灣土地、文化及生界，導致迄今台灣生界、環境的內涵與認知程度依然低落，以致於台灣人文化的善根，始終無法銜接土地、生界或生態的實質內涵，聽任既得利益階層予取予求，而普羅民間無能從根源反制。

經由 1980 年代以降的各種弱勢運動之逆向教育政府，以及教化民眾，其成效微不足道，不幸的是，全面教化、正規教育體制的內容，仍然以終結自然生態系、將之改造成人力維持的生態系為目標。數十年來，筆者一直試圖為不曾言語的生界發聲，除了演講、上課不斷宣說之外，更著重在社會人才的培育，是以自 1998~2004 年間進行「環境佈道師」的營隊，以人格及情操的激發為首要。2012 年起，筆者重啟社教，且著重知識、經驗移轉的確切落實，故而在土地及生態環境的知識面向，必須再度明揭。

而《21 世紀台灣主流的土石亂流》一書的第一部分，乃為全民教育而寫，以一張張圖片配合文字說明，相當於通俗性演講的方式，說明土石流的生物性原理，也就是除了無機環境因子原理或機制之外，外政及台灣人自毀原始林天然防

護罩才是根本主因，另以災變現場舉例詮釋之，並介紹如何復育天然林(讓自然自我療傷)，或在不得已的狀況下如何進行生態綠化，最後，抨擊政府的傷天害理。圖文輯之後，附輯為2001年災變的感慨暨現地調查資料，也抨擊浪費民脂民膏的災後工程，大抵皆是由生態原理出發的論述，迄今台灣依然沒能改善的問題。

因此，新版保留這部分，並在2012年7月底展開的《山林書院營隊》中，再度強調，然而，2002年迄今的10年來，儘管政壇紛擾、豬羊變色，我們費盡千辛萬苦，好不容易在肯傾聽土地聲音的林盛豐政務委員的幫助下，終止了「善意做壞事、良心做錯事」的「全民造林」政策(如前述)，但農委會及宿存利益團體卻有辦法在馬政權一上台，立即換個名詞加碼再度摧殘天然林，奈何?! 新世紀舊邪魔唯私利、小利是趨，究其實，我們的人民迄今不識居家土地、自然的內涵才是關鍵。而2002年以降，山林土地運動漸次由李根政先生所領導的「地球公民基金會」接手，故而這10年來的變遷，委請李老師將他暨其團體努力的部分成果或台灣記錄，在此輯為第二部分。

筆者誠心寄望，今後20~30年，台灣人得以全面扭轉唯人主義的狂妄，以一、二世代，厚植台灣生界足夠的訊息與知識，善養自然情操，且不斷逆向教育、改造政府。這冊新版書至少還得宣講2、30年！(註：目前在電視上看見學者專家在解釋台灣地體、地震的原理，恰與30年來筆者在演講的部分內容一模一樣，

但聽眾看似一臉無知，唉！2、30年能否扭轉乾坤，恐怕還得教育機關、教師們全面換腦袋吧?!)

　　所以，還是得出版，還是得宣說，還是要從深入普羅民智下手。絕非老調重彈，而是此曲此譜尚未形成全民心聲。

　　下一階段筆者將以應現 (應物現形) 觀音法理，進行草根的保育教育。本新版書可提供部分原理與知識基礎。凡此世紀價值大轉變，是全民共業與挑戰，有賴更多有心人，拉開價值格局與突破我執，是以前引部分，加上一篇「時空與超越」，此外，筆者交代長年研究、調查等背景的過程，如「山林小徑回顧─淺談田野及社會現象調查」短文，作為山林行的附註。

　　土石橫流即觀音應現說法，道盡20世紀的業障。今後，台灣人只能在學習與災難共存的過程中，一一懺悔與革新 (心)，並讓山林土地有機會自我復建。

天眼（原版序）

　　自從 1981 年 11 月 15 日，我在玉山頂接受玉山山神考驗，要我解開台灣生界的前世今生之謎以來，整整 20 週年誌的今天，我要回答台灣土地深一層次的議題與問題。這是拜 1999 年 9・21 大震所撐開的天眼之賜，它向我提示切入台灣本質的另類契機，我終於明白，所謂土石流的根源、肇因機制，乃至植物群落之與地體變遷的互動、演替，以及演化的特徵，山林迷霧總算有了一份了然。

　　台灣島的誕生，誰都知道是板塊擠壓，不斷的地震與斷層逆衝，抬舉地塊而起，9・21 講得夠徹底、夠明白。假設今之接近 4,000 公尺高度的台灣島，的確是 250 萬年來大小地震所抬高，則平均每年挺升 0.16 公分。若以 9・21 最高逆衝達接近 10 公尺為準，則必須累積 6,250 年的平均升高量，才達到一次 9・21；若以玉山高度為例，只不過 400 次 9・21 即能造就一座玉山。當然事實並非如此，更不能以此極值估算歷史，我只是藉此數據，強調 9・21 之「千載難逢」，而研究之機不可失而已。

　　海底沉積的砂、頁、泥岩層活像千層蛋糕，在斷層逆衝、反覆恆定擠壓之下，造就台灣的群山形成所謂單面山的現象特別顯著。傾斜的地層面叫做順向坡，最易發生地滑，九份二山 (澀子坑)、草嶺大規模的滑動最是觸目驚心；順向坡的另一面謂之反插坡，往往岩塊、露頭斜插向天，崩塌掉落最是頻繁，中寮、水里、中橫、全台到處可見。

　　經年累月的地震、豪雨、重力牽引，夥同其他環境因子與化育，崩塌與堆積造就台灣存有許多「假山」，或只是崩積地形再切割而成的「山」堆。而自然各類固體顆粒，存有各自所謂的安息角 (穩定角度)，且隨水分含量產生諸多變異。如果完全沒有植物，我們可用電腦模擬出造山運動下的台灣島，將是千千萬萬的山堆，宛似大大小小金字塔般的「安息角山」。

　　然而，大約 150 萬年或更早期以降，冰河期數度發生，森林生態系引渡台灣，介入無機山島的化育，從此，生命與非生命一併演化，物、化環境影響生命歧異之變遷，生命族群改變無機環境之單調，所謂「山林生態系」既無純粹的無機環境，也無獨立於無機環境因子的生物，山林是生與無生的有機共生體。

　　套用理性或科學的一面之詞，造山運動不僅是地殼的隆起、下陷或變化，更受到森林演替所左右。簡約來說，地體變動、崩塌軋進了植物族群之後，原本純物化現象的安息角

起了萬千變化，尤其喬木根系並非鋼筋水泥，它的定樁固錨作用遠勝於鋼骨，因為隨時可生長。一旦震動、侵蝕迫令土壤、岩層鬆動或產生空隙，根系可延鑽填補，且隨水溼作調整。桃芝災變後第八天，我在中橫白鹿村的大崩地下方，檢視被巨石礫土撞擊的大葉楠，樹幹被撞擊面上方枝椏長出新葉，而另一面並無動靜。

因此，原本山坡面的無機安息角，加入綠色陣營之後，變成千變萬化的動態平衡，且隨根系成長而改變原角度。一座發育成森林的山，往往比原安息角的無機山更為陡峭，也更穩固，不只如此，山體的每一部分都融合了生命的不定性與定性。

弔詭在此。無生命的岩層土屑加進、交纏森林生命之後，整座山變得更穩定，卻因更陡峭而累積更大不安定的勢能。也就是說，山體一旦形成山林，轉化為有機生命系統之後，生、老、病、死正式開展，生產生死，無生由生生，無死無生，生死同化；老、病非病，只是必然過程(人類看待疾病的觀念應予改變)。

如此，台灣地體緣於不定時造山運動的基本命格，每逢猛烈的躍升發生，狂風暴雨、酷日冰雪立即攻堅，億億兆兆綠色精靈忙著經營，每一定點皆形成新的營造廠，補天補地者是生命之歌。而時間這角色，就是貫穿無窮精靈大本營的流絲線，張結前因與後果，緣於無生而生，動物界更融入微

棲地另多向度的流變，匯聚所有的交響，成就終極合弦的寂靜，是謂天籟，人走進山林入夜，萬籟俱寂而耳卻滿聽的感覺。

由許許多多算不清的躍升、補位、共生循環，山林不斷提昇，超越無機與有機，台灣島的穩定，就是建立在數不盡的不定之上，終於走到了三、四百年前的綠色海洋福爾摩莎。這條生命長河從天到地，由地向天，250萬年來生生不息，歌詠大化史詩。

馬達加斯加原住民有個神話。造化之初，天上、地面各住著一個神，天上佈滿雲彩、繁星、月亮與太陽，地面擁有河川、動植物的種種錦繡，天神垂涎地面的沃野與樣相，地神覬覦天上的美麗與無窮，於是戰爭發生了，天神派遣雷電豪雨打擊地面，地神祭出高山搶攻天上，打了天悠地久、不分勝負，於是兩神和解，辦法是造人，地神用泥土創造形體，天神則賦予生命。然而，當人死後，兩神又爭吵，最後議決，形骸歸諸土地，生命由天神回收。

神話的單純與深邃，恰與台灣山林的宿命如出一轍，山林如同自然人。

然而，所謂文明介入台灣之後，尤其20世紀，切割了天與地，隔離了靈與肉，250萬年生界長河起了另類大斷層。

　　簡約說來，假設台灣是一座山，百年來挖採河川砂石，切斷山腳，造成遊離失靠的「自由基」，山表層的腳盤被割除，無地可踏；伐樟取腦、百年砍檜、數十年將闊葉樹海連根刨起，山林命脈被截斷，只剩裸山，於是，陡峭的山體彷同失卻生命、靈魂的軀殼，依循無機碎屑重力原理，必須重覓安息角始得安息，土石流從而發生。成也生靈，敗也生靈，21世紀必然是新平衡與動盪的不盡爭戰，祝福台灣人「亂世如意」！

　　骨幹結構問題既已講清，容我再論枝葉。百年開發史亦是所謂研究史，日治時代摸索出台灣的皮與肉，正待解讀骨與髓之際，人事再度大震，形成歷史大斷層，因而生態學的研究重頭開始，終於等到9‧21掀開天光，教我領悟為何台灣島得以保存古地史活化石之孑遺；為何台灣植群永遠年輕；為何次生演替始終進行，又為何次生植物永遠不會滅斷！更妙的是，在此高變動的地體淬鍊下，台灣植物的種子平行發展，不肯一次成熟，養成細水長流的慣習，隨時因應不定時大小崩塌，而萌長補位；植被帶為何上下鑲嵌、左右參差，為何三步一芳草、五步一異樹，台灣的生界為何綴滿北半球所有的記憶，以及最深層的歷史！

　　道在南北極，道在台灣，就地可禮佛，向內可參禪，我在這片土地上有幸參悟生死，但願以此現量、證量，融入泱泱長河。

　　生而無生，無生而生，還得落草人間；俗物不俗，還須
還歸殘破大地，但藉影像、俗話，說平常語，本小冊但為台
灣表象下個註解。

時2001年11月15日
於大肚台地

陳玉峯

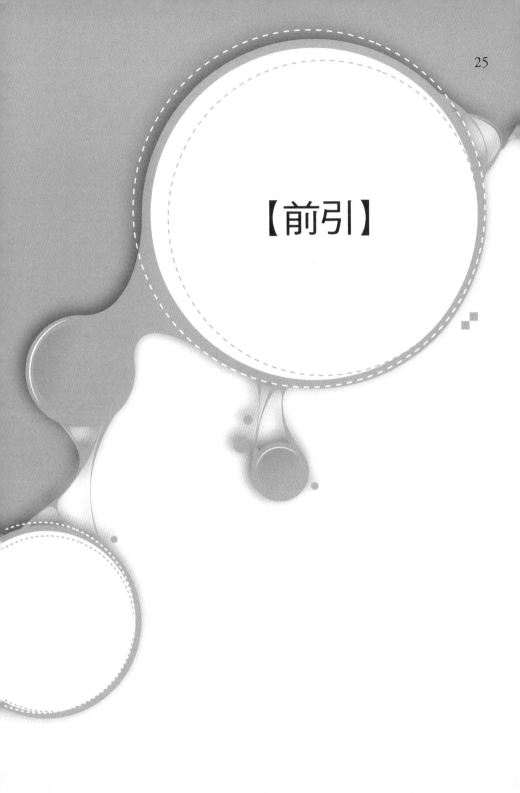

【前引】

時空與超越

陳玉峯

　　地球赤道一周約 4 萬餘公里，24 小時即自轉一周。因此，我們或坐或躺在「定點」時，事實上我們是搭乘著地球號太空船由西向東，以時速約 1,666.7 公里在飛馳，約是台灣高鐵速率的 5~6 倍。

　　太陽佔太陽系全部質量的 99.86%，太陽的體積大約是地球的 130 萬倍，太陽的直徑約為地球的 109.12 倍。地球距離太陽約 149.6×106 公里，依比例做比喻，太陽是一顆籃球，則地球是 34 公尺外的一粒綠豆。地球繞太陽公轉一周叫做一年，所以地球上的任何一點，包括任何一個人，繞著太陽跑的時速是 10 萬 8 千公里左右，約是台灣高鐵速率的 380 倍。

　　我們的太陽系所屬的引力場星系叫做銀河系，算是宇宙星系當中的一個部落。我們這個銀河系，推估已有百億年的歷史，擁有大約 1,400 億顆像太陽的恆星、星際塵埃等等，它佔有的空間不易用公里表示，它的範圍大約有 1,015 光年。

　　銀河系外形像個水體的漩渦在掃轉，側面看，漩渦中心處上、下皆鼓起，像是大家習以為常的圓盤形飛碟想像體。鼓起的中央部位叫銀心，我們的太陽系距離銀心約 3 萬光年，太陽系以橢圓形的軌道繞行銀心一周大約需要 2.5~3 億年 (等於一個銀河年)。

　　因此，太陽系繞行銀心的時速是 n 公里 (懶得算矣！)。還有，太陽系還會在銀道面上作周期性的往還運動；太陽系與其他恆星系之間的相互作用，另有局部的運動；還有、還有，整個銀河系正朝向織女星系方向移動，其速率是 n 公里……。

　　俗話形容天差地別叫做「相差十萬八千里」，巧合的是約等於我們繞著太陽公轉的速率，加上地球自轉的速率，再加上繞行銀河心的速率，再加上銀河系奔向織女星系的速率，再加上宇宙的膨脹速率……，試問，不動如山是何意義？天底下有什麼東西是絕對靜止的？整個宇宙所謂的空間是可壓縮，也可無限擴張的，我們概念中的空間亦可全然不存在。時間亦然。我們所謂的時間的起始點在宇宙大霹靂發生的那一刈那，這之前沒有「時間」。我們的感受、概念無法理解沒有時間是何意義。

　　我們所能瞭解、理解、推演、敘述或無能言詮的全部，只是在我們的宇宙之內。也許還有平行宇宙、黑洞中的另類宇宙，等等，完全不是我們所能想像。

　　我們的宇宙，據推算已經存在 135 億年 (從100億至200億年都有人提出)。太陽系推估有 60 億年；以固態方式存在的地球 (指地表層) 也有 46 億年。我們的原鄉地球大約在固態星球的 10 億年歲之後，出現第一個生命，或說約在 35~38 億年前，地球才出現生機。假設 35 億年前迄今設定為一年，1 月 1 日即出現太初的生命，但漫長的 4 月 14 日至 11 月 2 日才存在進行光合作用

的藻類。11 月 2 日之前 (35~6億年前) 是謂太古代 (Proterozoic Era)。

11 月 2 日至 12 月 7 日期間 (6~2.3億年前) 是謂古生代 (Paleozoic Era)，先是 5.7~5 億年前出現大量的藻類，然後 5 億年前發生地球生命史上第一次大滅絕，然後，植物開始登陸。接著，11 月 16~19 日期間 (4.3~4億年前) 節肢動物也開始跑上陸地。接著，11 月 19~25 日出現昆蟲 (4~3.45億年前)；11 月 25 日至 12 月 2 日 (3.45~2.8億年前) 演化出爬蟲類；然而，12 月 2~7 日期間 (2.8~2.3億年前)，兩生類大量消失。一般認為，2.3 億年前 (12月7日) 發生第三次大滅絕，且 3.5 億年前發生第二次大滅絕。

12 月 7~24 日 (2.3億至6千5百萬年前) 是謂中生代 (Mesozoic Era)，也就是 12 月 7~12 日 (2.3~1.8億年前) 出現恐龍與哺乳類。12 月 12 日 (1.8億年前) 發生地球生命史上的第四次大滅絕；12 月 12~17 日 (1.8~1.35億年前) 恐龍稱霸世界；而 12 月 17~24 日 (1.35億年前至6千5百萬年前) 恐龍大量滅絕。一般相信，6 千 5 百萬年前發生第五次大滅絕。

耶誕夜這天至 12 月 31 日叫做新生代 (Cenzoic Era)，以哺乳類興盛為特徵，而跟今人較有相關的事件發生在最後 1 天。

12 月 31 日清晨 4 點至 11 點 30 分 (800~500萬年前)，地球上出現「人科」的動物，也在這段期間的中間點，即早上 7 時 45 分 (650萬年前)，菲律賓海板塊撞上了歐亞陸板塊，註定了現今台灣島從深海底往上擠壓、躍升 (最古老的第一次台灣島可能在12月24日或6千5百萬年前冒出海面，後來又隱沒海中，之後，曾再浮出第二次的台灣島，且再度下沉。現今的台灣島應屬第三次的出海)。

「人屬 (Homo)」出現於下午 4 時 30 分至 5 時 45 分 (300~250萬年前) 期間，很恰巧地，也是現今台灣島冒出海平面的時段。大約晚上 22 時 45 分 (50萬年前) 出現「人種 (Homo sapiens)」。

最後 2 分鐘內，進入地球人類的歷史時代。23 時 58 分 48

秒 (8千年前) 進入文字歷史的階段。而台灣島出現人種，大約在最後 1 分鐘以內之事。

最後、最後 2 秒鐘，即 23 時 59 分 58 秒 (200年前)，地球進入現代工業文明暨生活。最後 1 秒鐘前，文明人登上玉山頂。最終半秒鐘前，文明人幹掉台灣島自然生態系約 6 成，導致現今天災地變、土石橫流、國在山河破的悲劇與浩劫。

再則，在台華人開拓史大致發生於 23 時 58 分 56 秒餘。換個角度看時空。

如果將我們存在的宇宙史 (100~200億年) 看成 1 年 (365天，31,536,000秒)，以長壽的今人 80 歲死亡為例，一個人的一生只是宇宙史 1 年的 0.12~0.25 秒。

如果以地球史 (46億年) 為 1 年，則一個壽命 80 歲的人，一生只存在 0.548 秒。誠所謂方生方死。如果將這個人從出生到死亡，忠實地拍出一部影片，也就是在 0.548 秒內快速播放完畢，則我們完全看不出有何「人影」，而只是一瞬間的朦朧與彷彿，甚至於無感而逝。人的一生只有神眼能解。

我們所謂的從容、永恆、真理……，只可能在信仰中才找得到？

我們身上所有的元素，都是宇宙星體爆炸後的塵埃，一切物質，今人皆得以理解所來自，然而，塵埃如何凝聚成為流變中的生命、自我？人死後往生天堂、地獄、西方極樂世界？父母生「我」之前，誰是「我」？生我之後我是誰？塵如何歸塵？土如何歸土？人當然從宇宙初生之處來，也將尾隨大化流轉而去，流變是所有現象的通稱，流變的原則、傾向、定律或概率，殆即物化性真理，其可敘述、可歸納、可演繹、可運算、可預估、可理解，是謂自然律。所有生命現象並不牴觸任何自然律，但自然律並不自知，這個能知、所知的心的能力，

便是「超自然」現象、「超自然力」的總稱。

宇宙間化學週期表的元素，都是從最基本的粒子或次原子粒的電漿態 (plasma)，不斷作核融合所產生。太陽恆進行 4 個氫原子核融合產生 1 個氦原子核，以及龐大的能量、輻射 (E=mc2)。不斷累聚成愈龐重的原子，而氫原子的來源乃在宇宙大爆炸的 4 萬年之後，才由輻射轉變出物質 (氫核) 來的，且數億年後，宇宙中才進入形成星系的階段，而後星系爆炸出數不清的恆星，恆星經歷生、老、病、死，逐次產生所有元素。我們都是星塵之子，然而，生命的產生及演化並非逢機或偶然。如果從宇宙初生，乃至生命誕生的融合、堆聚、瓦解、再生，等等流變過程的顯示，生命的產生及其終極意義，實乃由自然律到超自然力的形成，由原太初 (如果謂之靈界或上帝、佛神界) 回歸其本身的過程。我贊同婆羅門 (印度) 教的梵我合一說。人的命運就是成神，否則一切沒有意義。

人不只不成熟、不完滿、破碎或殘障的神。幾千年來無數修行人的行為、言語都在說明此一事實。人類 2、3 千年來唯物論的努力，是拚命地想要解答如前述宇宙、天文物理的究竟，終極目標也在進臻神本尊。唯物科學的終極目的恰似《心經》；相對的，唯心經驗論或神秘主義的禪修境界，則是幼稚、深淺不一的、未臻極限或原點的《金剛經》。

在唯心內溯方面，歷來佛教等祖師大德們的言論、著作多得數不清、看不盡，跟唯物的時空在比賽，卻通常無助於你自己。因為我們的一生一直在接受、紀錄、轉化社會文化的習氣，用來成為社會的成員，且不斷地忘卻自己，只讓本能的恐懼、貪婪、好勝、嫉妒、名利、成功、地位、慾念……，不斷地填充、加蓋在原本的單純心力之上，包括宗教、儀式、社會既有的劇碼。

　　其實，人類心靈逼近神、靈界的演化過程中，最大的阻力常是文化與社會，特別是宗教信仰、習俗慣例的牽引。說來可笑、可悲，通常我們一生的最大成就，就是毀滅或遮掩住原本我們具足的絕對自由、超越時空的超自然。而且，一個人的主體性之自我覺醒、自如掌握，正如同禪宗所謂的覺悟或佛教的涅槃，相當於發覺其所來自與終將歸屬。現實、世界才是一場夢幻。而在那主體的靈覺中，心力完全孤獨與絕對自由。

　　從宗教的本質來看，現今的意志、慾望自由，以及傳教的行為等等，的確朝向末日進展。而慾望的科技也即將終結地球生命史，筆者過往認定 1990 年以降是為「滅生代」，也就是第六次大滅絕。跟過往五次大滅絕不同的是，這次的肇因是人類自己，也就是說，天演到人種之後出了差錯，成神不成反成魔，因而許多電影想像末日之後，世界變成阿修羅、鬼魅的生態或變態，但還有一小撮人類殘存，試圖在地獄與灰燼中，重建原來生命的軌道。

　　21 世紀人類的宗教文化暨一切文明，如果還有意義與希望，必也回到本然自由，不受沾黏的心力或超自然力，並在現實世界，傾全力挽救地球環境與生界。

　　「大乘」指的是地球這艘太空船。

淺談田野及社會現象調查

山林小徑回顧

陳玉峯
(2011.12.20)

　　青年時期，1970 年春閱讀威爾‧杜蘭 (Will Durant) 的《西洋哲學史話》以降，我大半生幾乎都在探索該書序言的一句話：「不貪億萬財富，祇求一個答案」，如果大化流轉、生界生命有個終極答案；而且，差不多從 1976 年之後，在山林幽徑踽行，始終是我問天、叩地最主要的場域。

　　今天，是我母親的受難日。點燃炷香遙拜母親靈位後，我簡略回顧 59 年生涯。

　　無從檢視 3 歲之前的印痕時期，也難追溯 16 歲之前底定一輩子性格的內涵，但可確定高中階段，在比較歷史哲學與自然哲學、西方唯物科學與東方唯心思惟之後，我選擇唯物科學的理性、台灣自然與土地的內涵，至於唯心經驗，留待中、老年再行參悟。而一路走來，殆也八九不離十。

　　長年摸索的方式，美其名叫做調查、研究，也就是運用心智能力、感官知覺的觀察、記錄、驗證或試驗等等過程，後驗

式地尋找讓人「安心」的狀態，目的在於達到相對完整或逼近真相的知識等，用以回答小我的意義或填寫一生的內容。

這些過程，附帶地產生一些社會性事件或相關現象，姑且如下簡述。

一、矢志探索台灣自然史，回答台灣島生界的前世今生，記錄台灣綠色海洋眾生相，並從中體會母體文化的活水源頭或諸內涵。

這部分從 1976 年迄今，大抵完成微薄個人所能做，具體成果即《台灣植被誌》15 冊 (2冊尚未出版)，以及《赤腳走山》、《展讀大坑天書》等數冊圖書。

二、調查、理解台灣自然資源開拓史，解讀文明人解體台灣自然生態系的政治及文化結構議題。也因這面向的瞭解，讓我逐步投入保育及相關弱勢或社會運動。此部分伴隨植群調查自然萌生，且以 1981 年起，底定大方向，具體成果如《阿里山—永遠的檜木林原鄉》、《火龍 119—阿里山 1976 年大火與遷村事件初探》等等。

三、參與國家體制內自然保育，如國家公園的調查、規劃與任職，前後約 7 年 (1983~1989)，擔任生態旅遊、環境教育之倡導先鋒。此等內涵奠基於自身的本土研究。

四、參與台灣第一波森林運動，調查丹大林道等伐木，撰寫、鼓吹森林保育運動文章等，時程約在 1987~1989 年或其前後。

五、調查、揭發六龜櫸木林砍伐案，發動台灣第二波森林運動，責成中華民國政府宣佈禁伐天然林，時間在 1990、1991 年。

六、為確保國土命脈，發動「反農業上山運動」，以新中橫開發為例，累積 1981~1992 年間的實證調查資料，結合台灣

（接上）

社運界，於 1993 年進行對阿里山公路的封山儀式，預測大災難即將來臨，計算出高山茶農每淨賺一塊錢，台灣社會必須付出 37~44 塊錢成本。而 1996 年發生賀伯災變，且每隔 2~3 年即傳出國土浩劫。

七、發起「反掛羊頭賣狗肉」的「全民造林」運動，痛斥「砍大樹、種小苗」、「毀天然林、種人工樹」的荒謬，揭櫫「土地公比人會種樹」的自然演替與國土復育。時程由 1997 年迄今。此間，游錫堃擔任行政院長之際，在政務委員林盛豐大力支持下，停止全民造林政策，不料，馬政權上台後，農委會立即藉屍還魂。2008 年以降，由地球公民協會李根政先生等人接棒運動。(第四波森林運動)

八、發動主導搶救棲蘭檜木林，成功阻止政府繼續摧殘天然檜木林，時程為 1998~2001 年，出版《全國搶救棲蘭檜木林運動誌(上)、(中)冊》。(第五波森林運動)

九、提倡、呼籲民間「購地補天」、復育天然林；規劃甲仙天乙山為自然道場，撰寫「自然平權宣言」，會同宗教界、社運界於 1998 年 4 月 27 日簽署，並長期推廣自然情操，培育台灣文化在土地、自然面向的活水源頭。

十、1989~1998 年投入政治運動，六度為林俊義、劉文慶、張溫鷹、陳定南競選公職策劃總文宣等活動。

十一、1991 年底在台中大肚台地創設「台灣生態研究中心」，調查、研究、公佈、監督社會現象等百餘項，特別是 1992~1995 年間密集探討中部地區的問題或議題，為民間活動力、影響力最顯著的單位，佔據輿論龐多版面的案例例如＜大肚台地白蟻生態問題＞、＜台中環境因子與火災研究＞、＜台中中山公園調查報告＞、＜台中行道樹、綠地、綠政總檢討＞、＜台中港區濱海遊憩區生態調查＞、＜台中交通問題檢驗

＞、＜中部垃圾分類社區試驗計畫＞、＜中秋節禮品包裝減量行動＞、＜推動環境權＞、＜台中風水總體檢＞、＜中部土壤重金屬警訊＞、＜台中認同鄉土運動＞、＜舉發市樹、市花選舉黑箱作業＞、＜外來植物警告調查＞、＜台中市物價調查＞、＜台中選舉文化研究＞、＜媒體監督運動＞、＜拯救台中河川生態＞、＜推廣市民社會觀念暨行動＞、＜籌辦民間監視系統＞、＜籌辦民間電台嘗試＞、＜揭露森林殺嬰事件＞、＜反水泥工業運動＞、＜反國道南橫闢建調查暨運動＞、＜搶救白河水庫運動＞、＜台中自來水調查報告＞、＜母親快樂程度調查＞、＜父親角色快樂程度調查＞、＜色情刊物調查報告＞、＜平面傳媒色情調查報告＞、＜國小學童育苗計畫試驗＞、＜大肚台地生態災難預測＞、＜台中色情文化調查＞、＜大學生環保生活調查報告＞、＜機車空汙調查報告＞、＜為藍腹鷳請命運動＞、＜台中檳榔攤總調查＞、＜監督議長選舉活動＞、＜反賄選運動＞、＜台中垃圾掩埋場問題調查＞、＜大學生生兒育女觀念調查＞、＜千島湖事件的民意調查＞、＜大坑子遺物種公佈＞、＜生態之旅活動推廣＞、＜中部地區山坡地買賣調查＞、＜搶救水庫運動＞、＜台中共同購買、綠色消費調查＞、＜農產品農藥殘留的警告＞、＜台中西藥房調查報告＞、＜台中夜市文化調查報告＞、＜報紙廣告調查報告＞、＜里民大會調查報告＞、＜台灣藥政總體檢＞、＜餵哺母乳調查與推廣＞、＜原住民文化運動＞、＜意外交通事故調查＞、＜民眾對省議會、省議員認知的調查＞、＜市議員問政成績評鑑＞、＜台中市民生活品質調查報告＞、＜放生文化調查報告＞、＜台中的地下經濟調查報告＞、＜台中市行業總普查＞……。而「台灣生態研究中心」於 2003 年另衍展創設「台灣生態學會」運作迄今。

　　十二、各種重大災難調查、分析與建言，例如 1990 紅葉災變、1996 賀伯災變、1999 年 921 大地震、2001 桃芝災變、東勢保安祠 (大眾爺) 考、敏督利災變、88 災變等等，千禧年以降，發動反「假生態工法」運動等。

　　十三、1998~2004 年間辦理 7 個梯次「環境佈道師培育營」，密集上課及野外實習，參與者千餘人，現今環運領袖或在地菁英，大半出自此營隊，為體制外教育最成功的範例之一。

　　十四、1998~2007 年間在靜宜大學開創全國第一所「生態學研究所及生態學系」，賣屋散盡個人財產，並募款 3 千萬元挹注「台灣生態暨人文資訊館」大樓，作為體制內保育、環運基地，培育新世代人才。

　　十五、2009~2011 年間，前往印尼調查、搶救熱帶雨林，並出版專書《前進雨林》等。

　　十六、2007~2011 年間專心學習宗教文化、哲思，2008 年前往印度，並出版專書《印土苦旅—印度‧佛教史筆記》；調查、研究台灣宗教及土地、生態之相關，追溯台灣人屬靈議題，完成如《興隆淨寺（一）：1895 年之前》等專著，並沉思台灣信仰之改革議題。

　　十七、以調查、研究資訊，依逢機方式長年進行社教，包括撰寫數百篇文章見諸報章雜誌，並於電視等傳媒力陳。

　　對許多台灣人而言，要去談自己的「豐功偉績」時，總是覥腆、羞愧或不堪，我也不例外，這是台灣傳統價值觀、前輩或先人風範的影響。2011 年冬，為準備＜田野及社會現象調查＞課程，我在編輯幻燈片輯且數位化，面對堆積如山、混亂的新舊影像資料，我必須先分門別類、釐出大綱，且為符合新世代活潑化、目的論、趣味化等等「誘引動機」，我必須交

織、穿梭解說技巧、加之故事性貫串，因而只好先列舉如上項目，恰好也可略加回顧曾經所來自。

事實上，我一生幾乎都在學習、探索台灣的土地倫理、生態倫理議題，且試圖彌補台灣史上這部分失落的環節。而龐雜的調查研究方法論，其設計總原則即端視研究目的而創發，各不同專業則有特定或特殊方法。而自然科學的標準方法即「假設演繹驗證法」，但即使某一科學假說的實驗已被證實，這假說仍然未必正確；反之，該實驗已被否定時，其假說也未必不正確。相對的，人文學科的龐多研究方法，其所探討出的「結論」，充其量只是和某種片斷的傾向、近似，無所謂數理真理的明確。

然而，庖丁解牛、工匠造車輪的拿捏，不僅可以「神乎其技」，許多的經驗、直覺也難以精確表達，甚至也無法傳承。1999 年 921 大地震之後，我曾調查、考據東勢保安祠 (無主骨骸或大眾爺)，針對有關人員作口述歷史的訪談，也對號稱二萬餘具人類骨骸及其伴葬物作觀察與記錄。由於地震將此等骨骸震露，廟方延請工人及撿骨師進行篩選及重新分類、包裝、存放。其中，有位林姓撿骨師經驗豐富，對人骨極為熟稔，我訪問他時，不由得讚美他，似也引發他的愛炫心。我請他在地上排出一副人骨，他立即從骨骸山中找出各部位陳列就位，還誇張地告訴我：「……這是富貴人家的女兒或媳婦；這是苦命人的坐骨；這位婦人生了大約四胎小孩……」因為某副某部位骨頭顯示一生未曾操勞，某副某骨頭呈現經年負重的變形；某塊骨頭指示幾胎受孕的張裂……等等。

的確，熟能生巧，但我不知是否神到像他那般嚇人的推論。他開著紅色拉風跑車，有天我看見他在車前座放了個保安祠撿出的頭顱，四處兜風。於是我再也按捺不住數落他：「好

歹"他"也曾經是個人，人家說死者為大，你也沒請示人家，就這樣無禮地誇張行徑，不好吧！」隔天，該頭顱不再出現跑車上。

所謂調查，無非是袪除主觀好惡、價值判斷，儘可能相對客觀地去還原事物、過程的「真相」，或盡量精確地呈現特定事物的表象狀態，許多時候，統計學的方法是必需的，但也別忘了「平均值不是真理」，生命現象或人文面相的調查尤其複雜，其無從掌握的變數不可勝數，因而調查研究也有可能只是偏見的反映。

站在人類光明、積極面俯視，人類在唯物、唯心的研究、調查的確超越地球演化 46 億年以降所有生命的奇蹟，用盡有史以來所有語言、字眼也無能描繪人種的創造。人類早已凌駕肉身表象或生命史的全部，直逼其所無能形容的神靈或邪魔。太多太多的心靈體運作的狀況似非科學、物質、定律所能窮究。即令生命現象可以完全由物、化定律理解，真正有那麼一天到來，一切都弄清楚了，那麼，人將更糊塗或徹底的絕望！

就我現行所知的，人類一切對生命、對宇宙的詮釋，我都不滿意，甚至失望透頂，更不用說以服從為最高先決條件的所謂台灣的形式宗教。因此，我還是得繼續摸索。

【第一部分】：陳玉峰解說暨文輯

一、引言

■中央山脈山嵐,陳月霞攝。託天之福,250萬年來台灣發展出鬱鬱蒼蒼的山林,卻在新近不到一個世紀的不當開發下,造成今之土石橫流,但當代人不明究理,產官學則沆瀣一氣,創造永續災變、永續工程、永續研究、永續利益的共犯結構,本書將以最淺顯的道理,打破凡此迷思。

■近十餘年來平均每隔2～3年，
台灣即爆發一次大災變，1989
年銅門災變；1990年紅葉災
變；1996年賀伯災變，隔年瑞
伯；1999年9‧21大震；2000
年象神；2001年桃芝，今
後？？（9‧21倒塌之大樓）

■東台紅葉村。

■1990年災變前的紅葉村聚落。

■1990年土石流的洗禮，開啓台灣山區災變急劇惡化的警訊。

■1996年賀伯來襲，中部山區全面潰決正式登場。

■1999年9‧21大震，中部山區局部地域百孔千瘡，

共　證　菩　提

■1999年9‧21大震，浩劫無常（東勢公祭）。

■2001年桃芝慘劇，山河再度變色（南投神木村）。

■2001年桃芝慘劇，筆石9戶27人瞬間掩埋。

二、台灣地體的本質

菲律賓海板塊大約於650萬年前開始擠壓歐亞陸板塊，台灣島的前身即海槽溝的沈積岩，被擠壓而不斷地震跳起，大約250萬年前躍出海平面。

■約在百萬年前即已形成今之海拔高度，但也不斷崩落。

■板塊擠壓的力量恆存在，每年推進7公分的壓力不斷累積，由
於岩層為固體而無法壓縮，當承受不住之際即斷層發生，錯
動與地震同時將此擠壓累積的能量釋放，9‧21即為範例。

■台灣地體歷來主要的斷層，多呈南北走向，且朝西逆衝。

■200多萬年來不斷逆衝的地層，正是台灣間歇向上造山（伴隨山崩）的現象。

大約100～150萬年前，由雪山山脈及中央山脈崩落在古台灣島海岸線附近的礫卵石，約在55萬年前以來，不斷藉由大地震抬舉形成北桃台地、三義、大肚台地、八卦台地，以迄高雄六龜，謂之頭科山層，即為造山運動，崩積，再造山的證明。

■台灣多如牛毛的大大小小地震即此造山運動的過程，
過去如此，今後恆如是，平均每隔10年發生一次大地
震，若太久未發生，一但地動，其能量釋放之大，地
層抬舉之顯著，就像9‧21如此狂暴。台灣過往必然
曾發生比9‧21更為恐怖的地變。

■9‧21大震發生之際，穿過大甲溪的逆衝斷層，抬高了大約2
公尺，形成瀑布，埤豐橋立即斷裂。

■豐勢路的抬高亦甚驚人。

三、台灣地體及森林的演化

台灣島形成的250萬年來，可能經歷4次冰河期，台灣森
林生態系的血緣，即在冰河時期由東喜馬拉雅山系、日
本或南島系統，經由完全無水的台灣海峽或陸橋遷移來
台，且隨氣候變遷，作上下變異，最後一次冰期之後，
形成涵括寒、溫、暖、熱帶的8個植被帶（圖為溫帶冷
杉林），鬱鬱蒼蒼而謂之「福爾摩莎」。

■凡此植被或森林生態系的發育，估計正是至少150萬年來，與高度變動的地體交互影響，共同演化與化育而來的生態系。由於植物是固定點生長，它們的存在時期，必然反應地體、基質的穩定與否，他們能否拓殖的第一步，取決於地表穩定角（安息角）或基質的穩定初階。

■台灣最高海拔屋脊山稜往往以裸岩露頭存在，例如本圖的玉山岩壁，張顯地層迭經高壓擠升，形成扭曲折皺，也因而風化脆弱，崩塌頻繁，植物只能零星稀疏或一時寄存，是為高山裸岩開放型植群。

■玉山北北峰山頂巉岩亦為開放型植株散存。

■玉山東峰山頂部位裸岩恆
　常崩落，形成下方崖錐崩
　積碎石坡，而碎石坡的角
　度愈平緩（穩定），玉山
　圓柏灌叢愈密閉。

（玉山東峰）冬季高山之岩層每日
因凍拔效應，導致岩層崩解。

■崩積山麓的岩屑、石礫,在小於約40度以下,可發育成密閉灌叢,一旦玉山圓柏等高山灌木形成,即長期穩定階段之達到。

■擔任高山崖錐(甚或裸岩隙)攻堅、穩定的強韌植物玉山圓柏。

■若裸岩過於陡峭,凍拔、地
震、風雨、重力所造成的崩
落嚴重,其下岩塊纍纍,長
期處於不安定的岩塊坡,植
被必須花費更長時程始能拓
殖。

若崩岩的山頭落盡，形成岩屑、石礫的穩定堆聚山，高山灌叢也完全密閉發育，達成高山極相群落。由玉山圓柏壽命推知，台灣高山堆積的平緩地形，穩定時程至少超過3,000～4,000年。

■玉山主峰西坡海拔3,500公尺上下，存有森林界線，顯示該界線以下的冷杉林環境更為穩定，且因森林水土涵養與加強堆積作用，有些地域其坡度反而比森林界線之上的碎石坡更陡峭。

■下至溪谷，乃因排水，下切或侵蝕，山坡基腳會被切割，有可能因大地震而震落，但視反插坡或順向坡，以及植被狀況而有甚大變異。無論如何，冷杉林帶的山體表面的穩定週期，理論上應為350～500年的n倍，因為冷杉林平均林分為350年，最長生幅（Life span）可達約500年。

■介於1,500～2,500公尺之間的中海拔地區，代表性天然林即檜木林。

■檜木林曾經是全台灣材積最大、樹高最高、林分平均年齡最長、群落空間結構最複雜的林型,且其為針闊葉混合林,位於全台最大降雨帶,承上護下,是台灣最重要的水土涵養中心,低海拔地區的維生生態系的保護中樞。不幸的是,大約80年的趕盡殺絕,註定了如今及未來下游潰決的導因。

一株紅檜壽命可達3,000年以上，顯示一旦檜苗拓殖成功，該生育地得享3,000年以上的穩定。

表、一（續） 台灣紅檜扁柏（檜木）在各事業區直徑級及株樹統計
（台灣省農林航測隊，1960a~1973b）

事業區 樹種或分區	林田山		阿里山		大武		大溪	
株數及百分比 直徑級(cm)	株數	%	株數	%	株數	%	株數	%
05	44,361	7.04	12,184	11.41	5,273	4.67	123,584	23.91
10	33,392	5.30	26,888	25.17	8,842	7.83	19,718	3.82
15	38,222	6.07	15,985	14.96	7,136	6.32	28,920	5.60
20	34,932	5.54	6,689	6.26	16,398	14.53	38,896	7.53
25	44,943	7.13	12,052	11.28	17,933	15.89	36,892	7.14
30	32,318	5.13	10,435	9.77	11,969	10.61	26,525	5.13
35	30,812	4.89	6,262	5.86	5,635	4.99	15,902	3.08
40	33,516	5.32	6,594	6.17	2,336	2.07	22,524	4.36
45	29,901	4.75	3,326	3.11	5,847	5.18	15,699	3.04
50	26,358	4.18	845	0.79	6,873	6.09	10,466	2.03
55	30,847	4.90	580	0.54	2,683	2.38	4,521	0.88
60	26,788	4.25	148	0.14	5,979	5.30	16,102	3.12
65	24,456	3.88	763	0.71	2,235	1.98	8,838	1.71
70	34,452	5.47	1,168	1.09	4,112	3.64	19,521	3.78
80	34,318	5.45	1,168	1.09	2,617	2.32	20,009	3.87
90	26,522	4.21	295	0.28	1,423	1.26	17,669	3.42
100	25,959	4.12	548	0.51	1,247	1.10	19,251	3.73
110	12,415	1.97	620	0.58	1,129	1.00	17,247	3.34
120	17,265	2.74	148	0.14	1,363	1.21	9,963	1.93
130	10,360	1.64	------		470	0.42	8,546	1.65
140	8,166	1.30	148	0.14	557	0.49	5,399	1.04
150	9,617	1.53			203	0.18	3,378	0.65
160	6,662	1.06					4,328	0.84
170	2,749	0.44			203	0.18	2,219	0.43
180	3,030	0.48			------		5,718	1.11
190	1,303	0.21					2,429	0.47
200	1,223	0.19			406	0.36	1,810	0.35
210	918	0.14					3,065	0.59
220	440	0.07					950	0.18
230	391	0.06					1,690	0.33
240	1,358	0.21					2,460	0.48
250	1,226	0.19					740	0.14
260	880	0.14					740	0.14
270							950	0.18
280								
合計	630,100		106,846		112,869		516,669	

■新近的研究指出（陳玉峰，1998；1999；2000；2001），紅檜族群的更新取決於向源侵蝕、崩塌扇面之發生，正是中海拔地區侵蝕、崩塌最佳的保護機制。紅檜族群的年齡結構正可反映地變週期。

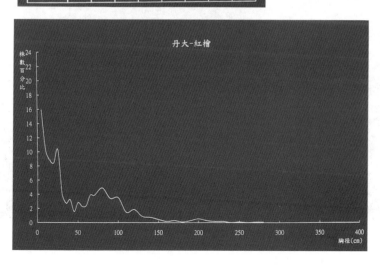

丹大-紅檜

■上述針葉林帶的初生及次生演替雷同，但低海域地區則甚複雜。若以海拔1,800公尺以下的樟樹為標準，最大齡樟樹約在800～1,000年之譜（石岡五福臨門樟樹神木）。由於低海拔樹齡偏低，且次生演替的先鋒樹木繁多，山地的穩定時程難以闊葉樹齡去推論。

■低海拔山區存有龐多中、高海拔崩積土石所形成的「假山」，例如羅娜崩積扇（圖示）、烏石坑、魚池、埔里一帶等不可勝數，

■以及反插坡下方的崩積崖錐地形，例如郡坑、安村地區，正是土石流災變的最嚴重範圍之一。

1. Quercus tarokoensis
2. Platycarya strobilacea
3. Cyclobalanopsis glauca
4. Pittosporum illicioides
5. Miscanthus floridulus
6. Arundo formosana
7. Myrsine africana
8. Selaginella stautoniana

■然而，原先台灣低海
拔地區，無論陡峭的
峽谷如中橫、南橫的
岩壁上岩生植被，

■或有土壤層累聚的溪谷地形，
　例如全台各地的溪谷大葉楠優
　勢社會，

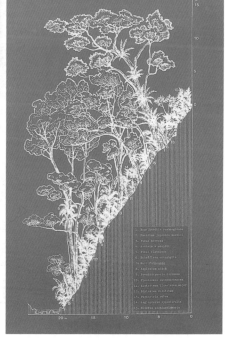

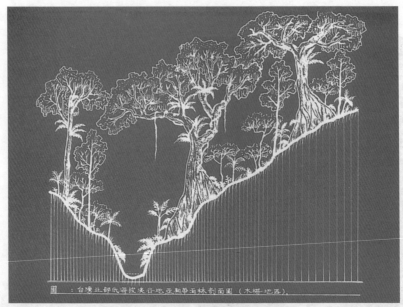

圖　：台灣北部低海拔谷地亞熱帶雨林剖面圖（木柵地區）。

■或北部、東北部的幹花榕亞熱帶雨林。

■幹花榕。

■九丁榕的板根。

■九丁榕：

■台灣原本盡屬鬱鬱蒼蒼的林木海洋,除了超級烈震的逆衝斷層、地滑等,並無今之土石流頻現的現象。也就是說,所有天然條件下,台灣可發展且維持森林的穩定生態系,且台灣原生植物與大地變動,已達成相互演化與化育的有機、無機複合體。

四、人力無法抗拒的天災

　　非人為肇因的天災地變，以山區為例，主要為大型地滑與反插坡的巨石崩落，例如澀仔坑（九份二山）及背面中寮的紅菜坪，或如草嶺地區等，以及地震當下斷層逆衝或震動的破壞力。

■以澀仔坑（九份二山）為例，9‧21大震強烈的推擠壓力及震動，導致順向坡上方地層發生地滑，下滑地層將溪谷填高百

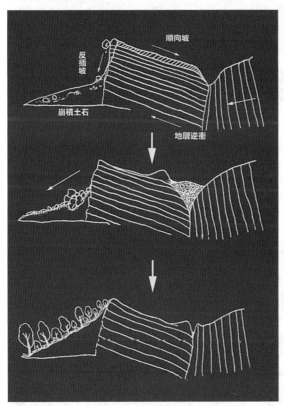

餘公尺，形成堰塞湖，且局部下滑岩層撞擊另外一座山，造成宛似爆炸巨響；而另一面中寮紅菜坪的反插坡，主震及餘震下，巨石崩落、下滾。有史以來，此地應已多次發生，故如地名月桃湖等，山區之冠以「湖」、「坑」等名稱者，很可能即此機制下多次發生的案例。

■前往紅菜坪途中所見反插坡的崩落（檳榔園）。

■新舊崩落的石塊對比。

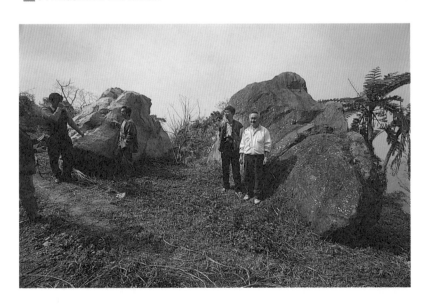

■舊崩落遭掩埋的喬木，奇特的圓形圖案。

■崩落巨石形成民間祭拜
　的「大石爺」或「大石
　公」（神木村）。

■羅娜橋旁的巨石，即桃芝所導致，有希望成為新廟！

■紅菜坪反插坡9‧21及餘震掉落處，注意左下方
　的黑色石頭，乃上一次崩落的舊石塊。

■9‧21及餘震震落的下方第一大石塊

■往上爬,見第二堆巨石岩塊,

■其實它是掉落的
　岩層，碰撞開裂
　為4塊的其中1
　塊。

■如此的崩崖面，
　未到平衡穩定的
　安息角之前，永
　遠是危機四伏之
　地。

■更上溯些，可見
　危石尚可隨時掉
　落。

翻過稜線，進入順向坡區的澀仔坑（九份二山），
「路」旁危石一景。

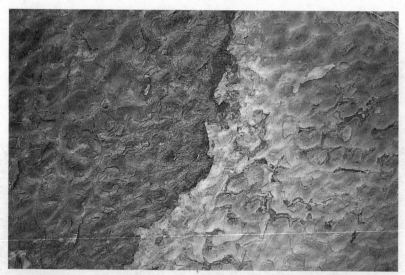

■岩層裂開，露出原先在海底沈積時的波痕（可能鐵含量太高）。

■大面積厚層地層狂奔下來，將原來山谷堆積成一座新山。

■也造成堰塞湖。

■新出露的順向坡地層面。

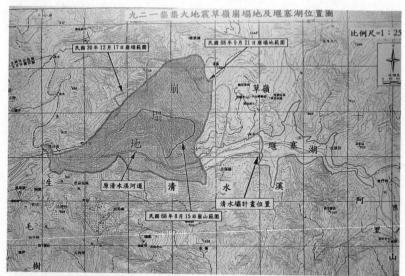

九二一集集大地震草嶺崩塌地及堰塞湖位置圖

比例尺=1：25

民國 30 年 12 月 17 日崩塌範圍

民國 88 年 9 月 21 日崩塌地範圍

草嶺

崩

塌

地

生

清

堰塞湖

水溪

原清水溪河道

清水壩計畫位置

民國 68 年 8 月 15 日崩山範圍

毛

樹

阿

里

山

■草嶺地區亦為地層大走動。

■剝落後的草嶺新出露地層。

56

■崩滑過清水溪，撞上倒交山，再摔落的十餘戶住家。

■形成新草嶺湖。

五、人為造災運動

～人類其實是溫柔的核子彈頭，緩慢的爆炸，摧毀力卻絕對有過之而無不及；百年來台灣人為的開發，對山區地表的平衡與穩定度，其破壞累積效應，遠比9‧21大震強烈百倍、千倍以上～

～土石流事實上是被迫害者，而非破壞者～

～台灣從1989年以降的天災地變，根本關鍵即250萬年來的造山運動，之與台灣植群演替即演化的平衡遭受摧毀，且已超越天然復建的臨界點，因而每次大颱風、豪雨，便成了「壓垮駱駝的一根蘆葦」～

～生態災難的造災期通常長達數十年，一旦病發，恐需數倍時程療傷也未必能復原～

～人類馳騁文化演化的快速成長，過往不到1個世紀的成就，超越了演化46億年的破壞力，不幸的是，生理、基因的生物性演化並無加速，處境恰似燃油槽旁會玩火的小豬～

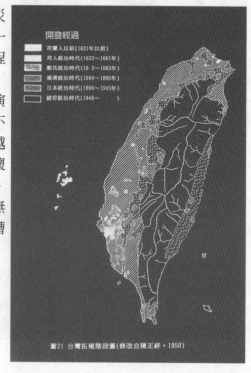

開發經過
荷蘭人以前(1621年以前)
荷人統治時代(1622～1661年)
鄭氏統治時代(16 2～1683年)
滿清統治時代(1684～1895年)
日本統治時代(1896～1945年)
國府統治時代(1946～   )

圖21 台灣拓殖階段圖(修改自陳正祥，1950)

■開發史。

58

伐檜，

■大剖，

■運輸，

■1912～1999年的檜木林大終結，將全台最大降雨帶保護中樞徹底摧毀。（賴春標　攝）

■1999年棲蘭仍然在伐檜（扁柏）。

■1965年以降，實施「林相變更」20餘年，為台灣有史以來最荒謬、最無知、最凶殘的殘殺自然生命的愚行與暴力，是台灣生界史長程的2‧28事件；另一項本質相同、名稱有異的「林相改良」，於1983年度開展，1988年之後夥同加強造林一併實施，事實上完全站在經濟林之生產林木立場，而行摧毀天然林之實，迄今仍是農委會、林學界的主流思想之一。

■「林相變更與改良」將檜木林帶下方的殼斗科及樟科原始森林摧毀殆盡，自此，註定台灣崩山壞水、土石橫流的慘劇正式上場。

■而所有原先被「改良」、「變更」的天然林，就是現今生態綠化的終極目標！

■1983年所拍攝，連蘭嶼天池附近的原始林也被改造！

1985年南橫伐木的土場，砍的是闊葉林。

1986年梅蘭林道的伐木現場。

■1990年3月12日，我們繼續前往林務局抗議伐採天然林。

■1991年4月，陳玉峰帶領大學生深入林業試驗所砍伐台灣欅木林的屯子山，揭發假借試驗研究之名，而行砍伐天然林的暴行，揭開1991年的森林運動。圖為被伐採前的500年台灣欅木巨木。

■伐採櫸木現場：也就是這場長達8個月的抗爭，迫令政府於
1991年底公告「禁伐天然林」一紙行政命令。

1994年林務局仍進行「林下補植」，容不得天然林以自然狀態存在，由鳥類拍攝者告知，陳水扁立委助理羅文嘉與陳玉峰上山勘查，並於立法院公聽、抗爭。

■1998～2000年迄今仍在運動的「搶救棲
　蘭檜木天然林」保育訴求。

■另一方面，農業上山的問題，自1980年代即已泛濫，如梨山地區。

■1991～1993年，陳玉峰等發動大災難預告，認為茶農每淨賺1
塊錢，台灣社會將付出37～44元社會成本，動員環保團體至
阿里山公路舉行封山儀式，警告恐怖災變即將發生。

■農業或經濟林業的檳榔無遠弗屆，河川地佔用更是比比皆是，而山中自來無政府。

■山區道路闢建從未由環境、生態條件衡量，原先預訂開闢的新中橫，明智的取消玉山-玉里線之後，徹底淪為中部代價最高昂的觀光道路，更引致繁多農路跟進，交織破壞山體。圖為1986年2月16日砍伐原始林的一景。

■新中橫闢建期間導致的邊坡破壞，其效應遠遠大於9.21、賀伯及桃芝。

■新中橫工程剪開山體母岩。

■伐木、開路、農業上山、礦業、遊憩……，將山區坡地搗
　爛，原始森林耗費百餘萬年建立的穩定、平衡破壞殆盡，水
　土流失頻繁，奇怪的是，政府不去解決坡地摧毀的問題，卻
　一昧建設攔砂壩來鼓吹濫墾。

零存整付的攔砂壩。

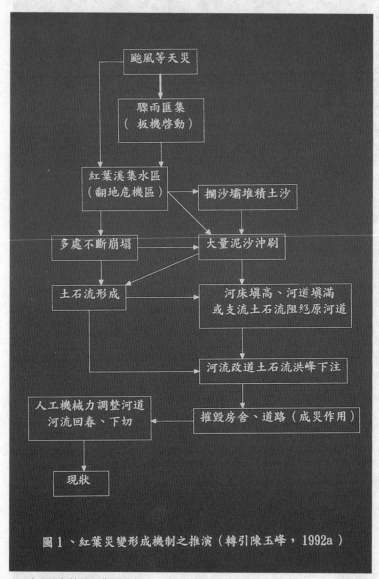

颱風等天災

↓

聚雨匯集
（板機啓動）

↓

紅葉溪集水區
（翻地危機區）　→　攔沙壩堆積土沙

多處不斷崩塌　→　大量泥沙沖刷

土石流形成　→　河床填高、河道填滿
或支流土石流阻絕原河道

↓

河流改道土石流洪峰下注

↓

人工機械力調整河道
河流回春、下切　←　摧毀房舍、道路（成災作用）

↓

現狀

圖 1、紅葉災變形成機制之推演（轉引陳玉峰，1992a）

■土石流的形成機制。

六、桃芝巡禮

～桃芝只不過是潰爛山體「小小攤」的劫難，台灣從「國在山河破」，已步向有國無土、有鄉無土的新世代～

■桃芝在中部山區造成土石橫流，在此僅舉一、二個造成家破人亡的聚落作說明，圖為安村（上郡坑）土石流走過的街道。

■安村土石流的主通道。

■安村上方土石流沿著攔砂壩下注。

■土石流開口處及附近，由於住宅匯聚，造成屋毀人亡。

■土石流將這間倉庫抬高。

■巨石打穿街角出口一家，瞬間
6條人命消殞。

■豐丘被土石爛泥淹沒的房舍。

■陳有蘭溪橋被土石流完全刮除。

■2001年8月12日拍攝搶搭中的簡易陳有蘭溪橋。

■2001年8月28日已完工的陳有蘭溪便橋。

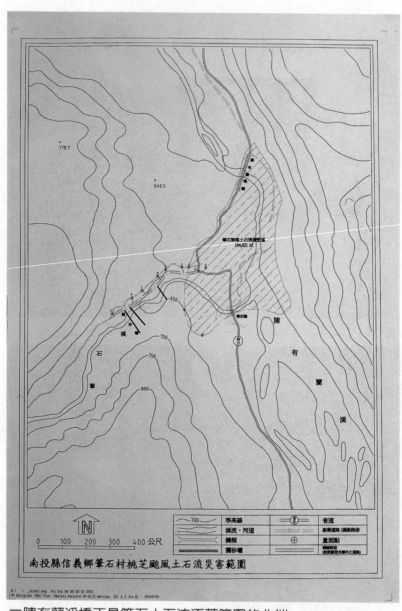

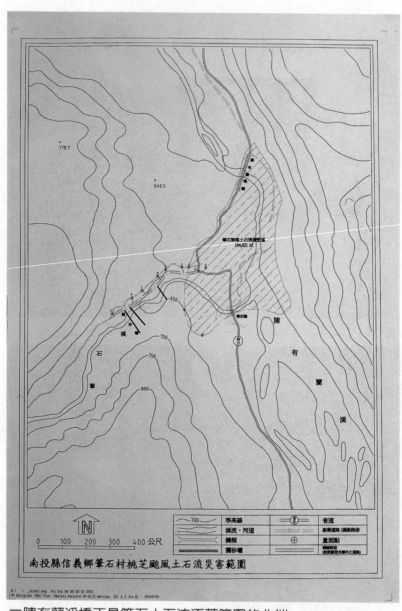內的文字：

778.7

640.5

筆石聚落土石淹埋範圍
194,621 ㎡

650

700

750

800

石　筆

陳　有　蘭　溪

圖例：

——700—— 等高線	省道	
溪流·河道	產業道路)殘骸路段	
橋樑	量測點	
攔砂壩	關係路段 (依據圖面示顯示之道路)	

N

0　100　200　300　400公尺

南投縣信義鄉筆石村桃芝颱風土石流災害範圍

D:\ \ _layout.dwg Thu Sep 06 09:39:52 2001
HP DesignJet 750C Plus Hewlett-Packard HP-GL/2 devices, ADI 4.3 (v4.6) - 30500705

■陳有蘭溪橋正是筆石土石流涵蓋範圍的北端。

■筆石橋可歸為土石流高漲、無法排放的致命傷，導致9戶27人死亡。

■筆石土石流來自筆石溪（羅娜溪）上游。本圖為完全消失的羅娜橋。

■由羅娜橋奔流而下的土石流，將1998年完工的新路沖蝕，而這段新路正是蓋建在河川地。

■土石流索回原先河流的家或河道。

■原河道被新路工程「偷走」一部分，特權人士搭起石堆，作農業用地（土石流不會控告被侵佔，它們只會直接討債）。

■土石流走到原河道
大右轉處，卻因筆
石橋下被堵塞，

■無法排向陳有蘭溪
的土石流快速暴
漲，打直而朝向住
家襲捲而去，

■瞬間20餘條人命消
失。

■就在這株苦楝樹承受第一道土石流過後，樹旁可見尚存1名男子，正梭巡已消失的家人，第二道土石流接踵而至，男人亦消失。

■筆石溪的土石流衝下陳有蘭溪谷之後，再反捲衝上郡大山脈的崩塌落石堆積坡，將之切割、侵蝕一片。

■親眼目睹但難以看清土石流
樣貌的松姓夫婦。

■松家由於山腳護衛，逃過一劫，

■但豢養家畜的棚屋亦
　受到泥水灌注，60餘
　隻雞夭折，鴨群存
　活；

■豬群則被泥濘困了一
　整天而無法動彈，隔
　天，松家夫婦才幫豬
　隻解困。

■筆石9戶27口在土石流
　中不見蹤跡，徒留巨
　石。

■這家農藥行只剩半片
　地基。

■二層樓的雜貨店一家
　10口，外加2名親友，
　全遭滅頂。

■筆石橋在第二道土石
　流沖擊下亦斷逝。

■由山上衝至陳有蘭溪
河床的大樹，胸徑約
1米。

■漂流木尚見樹皮。

■該漂流木在土石流翻
滾中，鑲進石塊。

■山上沖下的大石塊，有富含貝類化石者。

■我們這一代留給後代子孫者，可能是這種「化石」！

■災後善後，連推土機
也難撼動的巨石，

■只能打鑽，打成碎
片才能清除。

■翻遍土石，就是不見屍首。

■筆石聚落的災變，工程殺
　人難辭其咎！

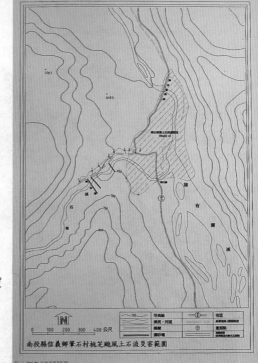

南投縣信義鄉筆石村桃芝颱風土石流災害範圍

■神木村的土石流，事實上更為龐大，只
　因無人傷亡而未受重視。

■桃芝的崩塌，絕大多數皆屬人為墾植、人造林地，絕非一般傳述之「原始林」崩塌。

■新中橫公路本就是條錯誤道路，花下龐大人民納稅錢，而潰決接二連三，如今，新政府又投資數億，大搞小型攔砂壩的打椿編柵、植生綠化，違反自然生態演替，卻又盜名「生態工法」、「自然工法」！

七、殘破大地如何復育？
崩塌地自然界如何自我療傷？

～台灣250萬年生界與大地演化史，老早就發展出一套綿密的平衡法則，台灣的植被正是如此的土地治療師～

～崩塌地、土石流的根本導因，在於人類摧毀原始林的保護罩門；台灣要穩定，唯有重回綠色海洋的懷抱～

■筆石隔著陳有蘭溪對面的郡大山脈天然大崩塌地，至少已存在數百年，它經歷賀伯、9‧21，外觀並無顯著改變，桃芝來襲之際，筆石溪的土石流逆衝，則刮出下方小傷痕。

■1985年6月6日所拍攝的大崩地。

■調查此崩塌地可瞭解那些植物擔任護坡工作。事實上如此的崩塌地根本不用任何人為處理，人也無能處理。

稜線森林　坡面森林　岩壁裸露區　草地　碎石崩塌區　岩壁沈積面示意線
1.黃連木 2.白雞油 3.雀榕 4.相思樹 5.青桐 6.櫸木 7.槭葉樹 8.沙楠子樹

信義鄉筆石村對面西向山坡植被圖

■再以中橫白鹿橋對岸的崩
塌地，說明9‧21及桃芝
所形成的崩塌，植物將如
何療傷。

■這面崩塌地係歪斜的反插
坡所形成的崩落帶，總長
度上下約300公尺，坡向
W312°N，坡度約40°。

■崩塌面下方，見有上次崩落的舊石塊，推測是八仙山鐵路開
鑿時期所掉落，而不盡然是1935年大地震所震落，然亦有可
能是1959年8‧7水災之際所遺留。

由下往上攀爬，巨石纍纍而甚不穩定。

此崩塌地所在山坡並非原始山林，而是日治時代
八仙山林場森林鐵路穿越處，1959年葛樂禮颱風
之後廢棄、拆除。此圖右側有一滾落斷木。

滾落木經土石碾輾樣相。

土石崩落撞擊樹木，1株無患子斷折，2株大葉楠硬挺。

■桃芝之後第8天，被撞大葉楠開展新葉，推測根系必有新生：台灣坡地喬木受到土石下墜、推撞，或地震震動、刺激，將激發應變生長，對生育地空隙進行有機修復，根系伸竄，重覓穩定與平衡。對坡地山系而言，任何工程皆比不上活體天然樹木的彌補修繕功夫。

■滾落被壓的水麻，第8天即已長出側芽，可代替種苗成長。

■此崩塌地半山腰處可見不同
　岩層擠壓、破碎。

■崩塌岩層正是山塊不整合面，且原為
該坡壁的排水小澗所在處。

■經9‧21震裂、掉落，桃芝大雨沖蝕，又崩落大量土
石，且水切後，該崩塌帶的中間呈現水蝕溝；殘遺樹
椿顯示不同地質區分界。

■自此樹椿下看凹蝕溝。

　　～此等崩塌帶的自然復育，靠藉堆積土石穩定角度之達
成，次生植物或原始森林種源始有發展機會；旁側植被為基因
庫來源，但無所不在的次生植物種子，其量龐大而不必擔憂種
源；事實上，任何邊坡永遠處於相對變動的不定期或週期動態
平衡～

八、何謂生態綠化？

■生態綠化簡言之，即學習自然界次生演替的模式，加速土地
自我「療傷」的速率，期能儘早達成原始森林的終極目標。

首先，我們必須瞭解自然界
原始森林的組成與結構，

■原始森林剖面
圖。

■各層次不同植
物形相。

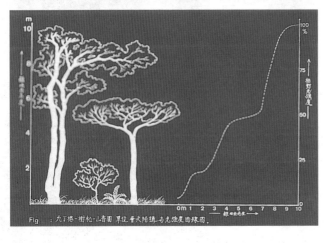

■各層次光梯度
變化。

良好天然林庇護下的水源健康穩定。

～某一地區的氣候、土壤等等無機環境決定了該地區所能發展出的最穩定而成熟的生態系。而台灣最終所能發育出者即原始森林。一個森林可由社會結構、組成及其生態特性來敘述。

台灣的森林隨海拔不同而變異甚大，但絕大比例係以4個層次為代表，即第一喬木、第二喬木、灌木及草本層，附屬有蔓藤類、附生植物、（半）寄生或腐生植物等。

第一層喬木的樹冠大抵直曝陽光，對外界任何無機環境壓力通常係第一陣線的庇護，但也對林內構成一相對封閉的系統，可謂決定該森林最重要的角色。

第二層樹木受光度較少，樹形常形成橢圓體，在第一層樹受損或消失時可取而代之。

灌木層由灌木或第一、二層之苗木所組成，必須能耐蔭。它們填補林內中間部位的空間，將較少量之光能捕捉，亦構成基礎生產的一部分。

草本層通常為陰生植物，亦即僅甚少量的光強度，即可達足夠的光合作用之生命所需能源。

以強風地段的森林而言，喬木層的樹冠變形有若傘蓋，但庇蔭了林內的穩定性，林冠下的生命亦得欣欣向榮，例如山林投等蔓藤類，大抵倚賴其他直立喬木，尋覓較大光量處延展。

附生植物則挺空而附存於枝幹上，獲取林內尚可利用之能源，更有特化的器官收集空中之塵埃、有機物及雨水等物質。

這些附生植物以蕨類、蘭花等為主，如攀延陵齒蕨、恆春莪白蘭。地被植物亦有寄生性者，如穗花蛇菰。死亡之植物體又為真菌、細菌、腐生動植物等分解，再由林木等根部回收。

空間結構上，森林不僅地上部分分層，地面有腐植層，地下更有根系、藻菌、動物等分層分化，促使土壤產生多孔隙而

善於儲存水分等物質。此所以一個發育成熟的森林社會，幾乎將所有可利用的空間填充上最合宜的生物體；更且，降雨時際幾無雨滴可直接沖擊地面，僅沿枝葉樹幹根系等，減速流入深土中。除了蒸散以外，可將大量降雨截留於該生態系之中。經由調節與過濾，再順重力等作用緩慢流出。此所以未降雨時，林野仍見山泉淙淙不絕之原因。

如今，台灣海拔2,500公尺以下廣大山地，原始森林7成以上已被消滅，代之以人造林（水保安定效應遠差於原始林），以及恐怖的農業上山，因而9‧21及桃芝之後，土石橫流已成為21世紀台灣的「主流」～

■即令完全沒有地震與颱風狂暴雨，地面若無完整的森林覆蓋，降雨所帶來的水源在甚短時間內迅速流失，更且劇烈地沖蝕沙土，以這片森林破壞後的草生地為例，因為放牧牛群吃食，迫使林木小苗無法更新，長留草生地狀態，更在降雨沖蝕下逐漸瓦解。

■裸露地的崩蝕情形更加劇烈，雨水先蝕陷鬆散處，再成片下崩。

■此等受破壞地區之保水力甚弱，故驟雨時洪峰水量甚大，經常造成水災；稍久無降雨則旱象立現。

　　～台灣原始森林摧毀後，代之以人造林，今日全國推動全民造林、種樹救水源防災，但是，人造樹木要成長至略有水保效應，至少得10餘年以上時程，更且，人造林的防災、水土保持效能，絕對比不上台灣的天然林～

■以1970～1980年代南投水里溪為例，由於原始天然林已伐盡，上游以人造林為主，水土保持效應不佳，

■少量降雨即形成〝陰陽河〞現象。圖中右側溪水係來自後山發電廠，由於經由沈澱，含沙量較低，短暫降雨仍可保持清澈；左側溪水則直接源自山地，土色濃厚。兩者在短距離之後，匯成滾滾濁流注入濁水溪。

■然而，一旦多日降雨，由於此等集水區域盡淪為破壞地或僅為次生林，故而大量表土受重雨沖蝕，導致蓄水池夾帶上游所流失的土沙，終而來自發電廠的水源亦呈渾濁。

■以1985年8月22日過境的尼爾森颱風為例，在8月23日造成山洪暴發，水里橋下一切耕地、養鴨籬等，盡為沖失。
■翌日，下游地帶農田、果園仍浸淫於水患。

■因此，晴朗天氣下
呈現蔚藍清澈的海
灘，在陰雨天時
際，海岸附近往往
形成大片環繞的黃
濁海域。如果您由
空中鳥瞰，將可見
無數條大、小黃河
滾滾向海。

～自然界如何演進爲原始林？～

凡由不毛之地，例如火山爆發、島嶼，演變為森林的過程謂之初生演替（primary succession）；若原有森林或植被被摧毀後，再進行恢復天然林的過程，叫做次生演替（secondary succession）；許多狀況下，初生演替與次生演替並無大差別。

■茲舉台北近郊，原森林被破壞，且挖成魚池，後來又荒廢的變化過程為例，說明次生演替之一例。

■這個荒廢的魚池，不久即為李氏禾所入侵。很快的，進行淤積作用，李氏禾愈來愈密閉，形成溼地社會。

■經由其他性喜溼性草本加入競爭，例如可形成李氏禾與菁芳草的草地，再由早期先鋒林木的山黃麻族群所取代。

■由於山黃麻係極端嗜陽光，族群內個體常相競爭，造成自相殘殺現象，隨著時間進行與植物體成長，長成較大植株的個體愈來愈少。

■最後，山黃麻大樹形成之際，他的小樹大都已死亡殆盡，小苗也無法萌長，改由其他較能耐陰的樹種在林下發展。

■約10～25年以後，山黃麻由於疾病或昆蟲侵害而死亡，原地已轉變為第二期次生林，爾後，再進入更成熟的森林。

■以圖解來表示此次生演替。由圖中可看出隨著演替不同階段，植物社會的層次結構增加，覆蓋度加大。讓我們在不同時期的森林下仰望林冠的破空度情形。以山黃麻的第一期次生林而言，林下可見破空度甚大，雨水仍可直接落襲地面。

■第二期次生林的林下，破空度則漸趨閉合；較成熟的林分下，枝葉更是具有利用最大空間與陽光的趨勢，同時更提供對水土保持較高的能力。

■因此，一地區植被的完整程度，左右了該地的水土保持能力。破壞植被的程度愈嚴重，水災、旱災、土壤流失、崩山、土石流等災害直接依靠天氣的現象愈明顯。

■概言之，植被對台灣先天不良環境而言，係最重要的保護層，不僅可阻攔雨水、增進土壤滲透作用、增加土壤儲水能力、降低洪峰水量、減少地表逕流、涵養並調節水文、鞏固土砂、改良水質、調節微氣候、淨化空氣、保持地力，提供人類健康環境，確保生存空間。

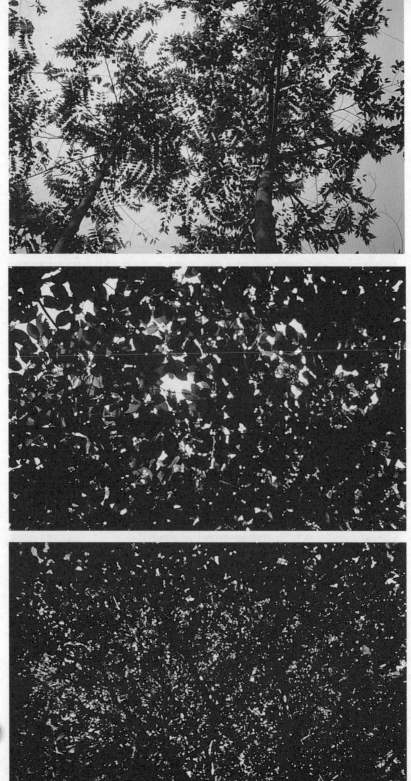

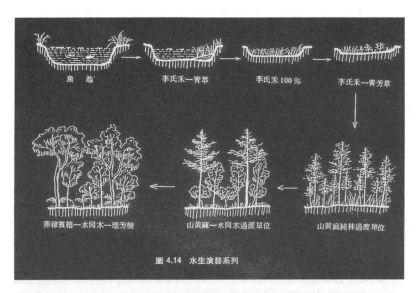

魚池 → 李氏禾—青萃 → 李氏禾100% → 李氏禾—菁芳草

菲律賓格—水同木—瑞芳楠 ← 山黃麻—水同木過渡單位 ← 山黃麻純林過渡單位

圖 4.14　水生演替系列

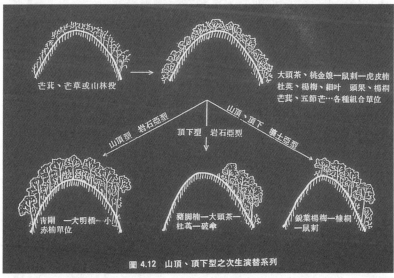

芒萁、芒草或山林投 →

大頭茶、桃金娘—鼠刺—虎皮楠
杜英、楊梅、細叶 頭果、楊桐
芒萁、五節芒…各種組合單位

山頂型　岩石亞型　頂下型　岩石亞型　山頂、頂下　壤土亞型

青剛—大明橘—小
赤楠單位

豬腳楠—大頭茶—
杜英—破傘

銳葉楊梅—楝桐
—鼠刺

圖 4.12　山頂、頂下型之次生演替系列

■不同地區、不同山體部位，具有複雜各異的演替模式。

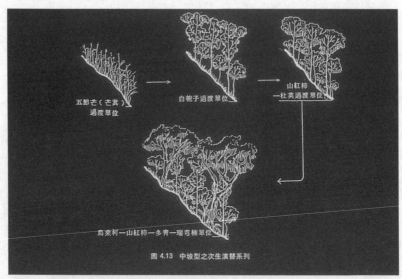

圖 4.13 中坡型之次生演替系列

■北台灣低海拔中坡部位的某類次生演替模式。

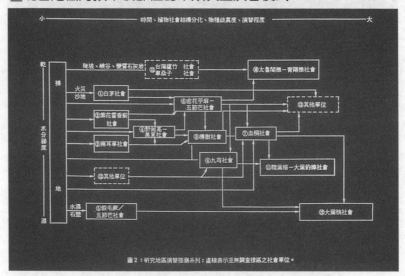

圖2：研究地區演替推測系列；虛線表示並無調查樣區之社會單位。

■依據特定地區的演替模式去設計植栽謂之生態綠化。

132

　～放任被破壞的土地不做任何處理，土地公自己會種樹，而且，土地公絕對比人會種樹～

　～任何土壤中，平均每平方公尺表土中，可萌發的種子約1萬粒～

■取20個土壤樣品，分成兩組，一組置陰棚中而模仿森林下環境；另一組放溫室中，模仿森林被破壞而陽光直照林地。

■以透光塑膠袋套住，避免外來種子飛進，讓其發芽40天。

■溫室組快速長出陽性次生雜草灌木；陰棚組則否。

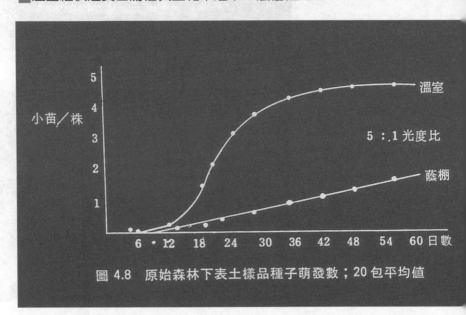

圖 4.8　原始森林下表土樣品種子萌發數；20 包平均值

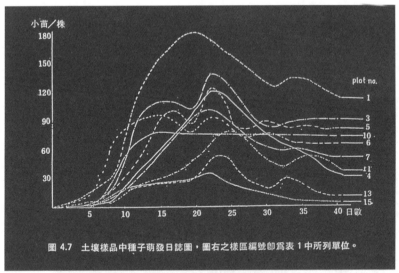

圖 4.7 土壤樣品中種子萌發日誌圖，圖右之樣區編號即爲表 1 中所列單位。

■取10個土壤樣品作成40天種苗萌長的曲線圖。

表 4.1 土壤中種子族群；各樣區 40 天萌發種子數目

樣區	社 會 單 位	種子數 /m²	植被型	備 考
1	五節芒—野牡丹	19,000	山 頂	
2	琉 球 松 林	18,000	中 坡	
3	琉 球 松 林	13,800	上 坡	
4	非島榕—江某	12,000	溪 谷	
5	水同木—樹杞	11,700	溪 谷	
6	桂竹 — 芒草	10,500	上 坡	
7	琉 球 松 林	10,000	中 坡	
8	芒萁—五節芒	9,200	上 坡	
9	琉 球 松 林	9,000	山 頂	
10	相思樹—樟樹	8,000	上 坡	
11	楊桐—青剛櫟	7,600	山 頂	
12	琉 球 松 林	7,200	上 坡	
13	芒 萁	5,000	山 頂	
14	相思樹—饅頭果	4,000	上 坡	
15	朝鮮構—相思樹	3,600	上 坡	
	平 均	9,906		

■此實驗得知台灣低海拔各植被型的表土，每平方公尺平均隨
時存有1萬粒可發芽的陽性、次生先鋒雜草、灌木或喬木。

表 4.2　15個樣區所萌發可資鑑定的植物種，C表示出現頻度。

Species ＼ Plots	1	11	4	5	13	6	3	7	2	14	9	15	12	8	10	C
野 牡 丹	☆	☆	☆	☆	☆	☆	☆	☆	☆	☆	☆	☆	☆		☆	14
雷 公 根	☆	☆	☆			☆	☆			☆		☆	☆		☆	8
黃花酢漿草	☆						☆				☆	☆				5
月 桃		☆		☆	☆	☆			☆		☆		☆			8
蓬 萊 藤			☆					☆								2
牛 奶 榕							☆	☆								2
五 節 芒							☆				☆	☆	☆	☆	☆	6
雞 眼 草	☆															1
涼 喉 草	☆	☆	☆	☆				☆					☆			6
颱 風 草	☆								☆					☆	☆	4
魚 臭 木		☆	☆	☆					☆							4
香 附 子		☆	☆		☆				☆		☆					5
風 輪 草	☆		☆	☆					☆	☆						5
地 耳 草	☆	☆	☆			☆	☆		☆	☆		☆	☆		☆	11
飛 機 草						☆										1
淡 竹 葉									☆	☆	☆		☆	☆		5
馬 唐 類						☆										4
紫花霍香薊				☆		☆								☆		3
蚊 子 樹											☆		☆			2
見 風 黃				☆			☆				☆		☆	☆		5
細葉饅頭草											☆		☆			2
兩 耳 草						☆			☆				☆	☆	☆	5
海 金 沙		☆	☆	☆	☆	☆	☆	☆	☆	☆		☆	☆		☆	12
一 枝 香	☆													☆		2
台灣山桂花			☆	☆								☆				3
柔 背 草						☆										1
五 月 茶								☆								1
芨 母 子								☆								1
Σ Spp. no.28	8	8	10	8	6	9	10	7	10	6	8	8	11	6	10	

136

■以次生先鋒林木的山黃麻為例，其頻常形
成中等潤溼地的次生林。

■經計算1株中等體型的山黃麻（1981年6月，木柵），年產種子超過50萬粒。因此，次生林木的種源殆無太大問題，但原始林木的種源則甚匱乏，因為原始森林多已滅絕。

Table : 單株山黃麻各項計量表 (木柵)

項目 部位	枝條長度 m	葉 no.	 %	葉 w g	 %	果實 no.	 %	果實 w g	 %	數葉組/ 葉片數目
上 部	360	12878	31.5	1894	31.7	174036	34.6	990	34.3	13,5
中 部	320	11079	27.1	1603	26.8	133719	26.6	764	26.4	12.1
下 部	465	16877	41.4	2483	41.5	195850	38.8	1135	39.3	11.6
和	1145	40834	100	5980	100	503605	100	2889	100	12.33

全株各部重量 項目	果實重量 g	葉重 g	枝重 g	全株地上部分總量 g
乾重	2889	5980	85131	94000
百分率 %	3.1	6.4	90.5	100

九、如何進行生態綠化

～無知、欠缺智慧，則絕無慈悲。當今社會到處充斥有良心的做錯事，有善心的做壞事，所謂全民造林、大家種樹，就是一例～

～舉國上下高倡種樹、造林，卻不問種樹、造林的目的為何？是否重蹈過往「砍樹為造林，造林為砍樹」的荒謬邏輯？要知人造林木的水保效應不如天然林，又得種上一、二十年才稍有捍衛、庇護地土之功，現今人造植栽又是阻礙自然演替發展，因此，根本關鍵在於全國土地應先做分類，區隔土地的終極目的，再談造林種樹的細節與技術。

屬於保育、保護山地安全的地域，儘可能讓土地自然自我療傷，不得已（例如欠缺種源）之際，才實施生態綠化，審慎的「幫助」次生演替加速進行。

屬於經濟林地，也就是人類有所索求其生產之地，才適合實施永續發展、全民造林、生態營林、森林生態系永續經營、水土保持、安全工程等，或今之人造、經營的內涵～

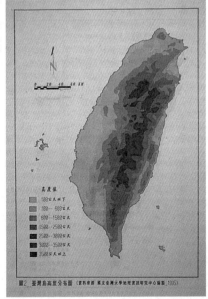

圖2 臺灣島高度分布圖（資料來源 國立臺灣大學地理資訊研究中心繪製，1995）

■欲進行保育、保護目的的生態綠化，其終極目標當然是天然林，而原先全國各地的天然林歧異非常，因而必需經由審慎研究，始可進行人為措施，否則人體移植犀牛皮，盡屬不當，首先，依據各地生態環境而調查。

若當地存有原始林，則進行詳細樣區調
查，徹底瞭解當地原始林生態系內容，例
如採取全盤登錄一草一木的精密樣區，每
隔1公尺牽標1條繩子

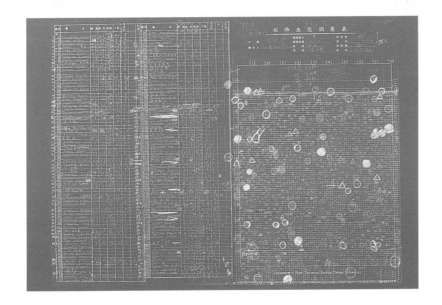

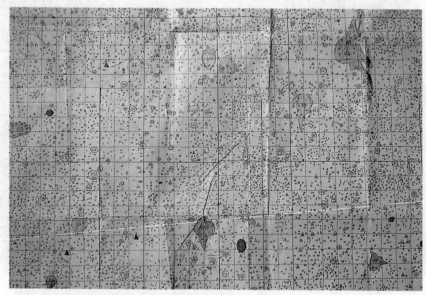

■每株植物不論大小皆測量、登錄，變成調查紙上的全記錄。

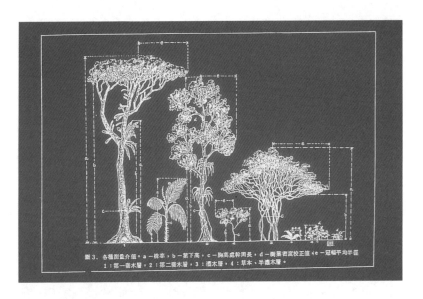

図3. 各種測量介值。a－株高，b－葉下高，c－胸高處幹周長，d－樹葉密度校正值，e－冠幅平均半徑
1：第一喬木層，2：第二喬木層，3：灌木層，4：草本、半灌木層。

■測量的數據。

長尾柯－烏心石－狹葉櫟 社會

編次	學名	株高	胸周	冠幅	葉覆	株距
11-①	長尾柯	2.2	7	1	1	2.2	3
" -②	"	3	8	1		2.5	3
" ③	"	3.8	7	1	3	2.2	14
" ④	"	32	432	10	3	137.6	14
" ⑤	"	4	11	1	2	3.5	14
" ⑥	"	4	7	1.5	1	2.2	14
" ⑦	"	22	74	2.5	1	23.6	15
" ⑧	"	35	212	10	1.5	67.5	15
" ⑨	"	35	185	10	2	58.9	15
" ⑩	"	5.2	48	2	1	15.3	15
" ⑪	"	75	608	8	3	193.6	17
" ⑫	"	32	253	10	2	804.4	15
" ⑬	"	10	42	4	1	13.4	4
" ⑭	"	1.8	3	0.5	1	1	4
" ⑮	"	25	105	5	2	33.4	8
" ⑯	"	25	348	7	2	110.8	6
" ⑰	"	8	23	2	1	7.3	6
" ⑱	"	25	412	5	2	68.5	6
" ⑲	"	4	4	1	1	1.3	6
" ⑳	"	15	43	4	2	13.7	5
" ㉑	"	12	41	4	2	13.1	5
" ㉒	"	15	40	3	1	12.9	5
" ㉓	"	12	35	3	1	11.1	12
" ㉔	"	5	12	2	1	3.8	12
" ㉕	"	12	100	5	1	36.8	12
" ㉖	"	25	285	10	3	90.8	12
" ㉗	"	5	15	2	1	4.8	11
" ㉘	"	4	7	1	1	2.2	11

編次	學名					
14-①	烏心石	25	180	5	2	59.3
" ②	"	1.5	4	1		1.3
" ③	"	9	55	3	2	17.5
" ④	"	5	8	0.5		2.5
" ⑤	"	32	138	7	2	43.9
" ⑥	"	35	126	8	1	40.1
" ⑦	"	4	7	0.5	2	2.2
" ⑧	"	8	22	2	1	7
" ⑨	"	3	5	0.5	0.5	1.6
" ⑩	"	25	123	7	2	49.2
" ⑪	"	25	108	4	1.5	34.4
" ⑫	"	35	149	5	2	49.1
" ⑬	"	90	236	10	2	75.2
" ⑭	"	25	87	3	2	26.4
" ⑮	"	25	101	5	1	32.1
" ⑯	"	2	11	1	1	7
" ⑰	"	3	10	0.5	0.2	3.3
" ⑱	"	33	176	8	2	56.0
22-①	大葉木犀	10	21	4	2	6.9
" ②	"	14	65	5	3	20.4
" ③	"	11	37	3	2	11.1
" ④	"	9	16	2	1	5.1
" ⑤	"	32	35	3	2	12.4
" ⑥	"	5	12	1	1	2.1
" ⑦	"	3.5	6	1	0.2	2.1
" ⑧	"	11	53	4	2	16.1
" ⑨	"	4	12	1	1	3.1
" ⑩	"	8	23	2	3	8.1

植物平面分佈圖
圖 3：長尾柯；編號：11

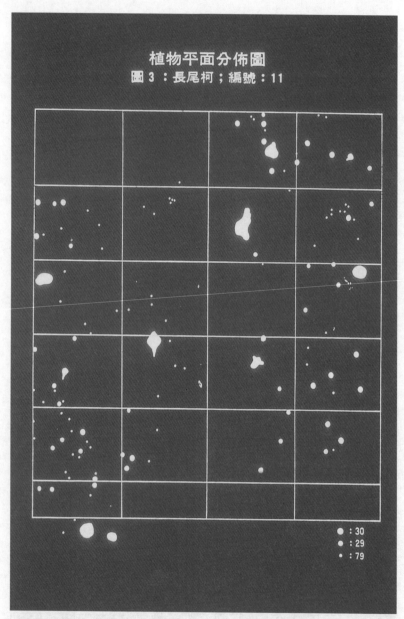

● : 30
● : 29
• : 79

■從而瞭解每種植物的實地分布、環境梯度變化等全方位資訊。

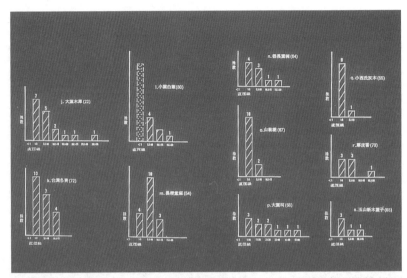

■同時，熟知各種樹木的族群年齡結構，因而掌握其演替特性。

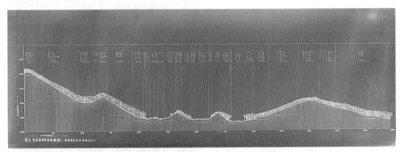

■釐清欲規劃地區的植被全貌、類型與演替模式。

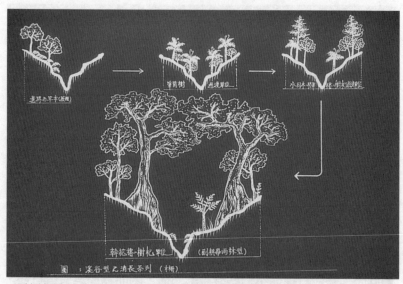

圖：溪谷型之消長系列（櫥）

■依據某特定地域的演替模式而設計植栽。

■高雄觀音山的潛在植被，即
　該地區種樹的依歸。

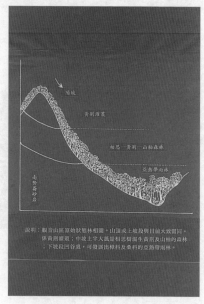

說明：觀音山區原始狀態林相圖。山頂或上坡段與目前大致雷同，
　　　係黃荊灌叢；中坡上半大抵是相思樹混生黃荊及山柚的森林
　　　；下坡段凹谷處，可發現出樟科及桑科的亞熱帶雨林。

■完全破壞之地區，藉助文獻，並進行口述歷史訪問，從而依
經驗法則推測。

之後，進行育苗

期待達成天然林的頂極環境。此等天然林的復育時程，低
海拔地區大約30～50年，中海拔約50～100年以上。

還給台灣國土莊嚴、莊嚴國土。

十、新政府舊政策的復辟

　　～新政府概括承受舊政府的歷史爛帳，於是，災難政府正式登場～

　　～新政府921重建委員會標榜「生態工法」、「治本工法」、「自然工法」、「根源整治」的崩塌地整治計畫，採用裂縫填補、打樁編柵、栽種外來草種，以工代賑而於2001年上半年花了5億元人民納稅錢，今則擴大舉辦，「群山整治、複合工法」，要「治理土石流」。然而，從生態及實際大地角度檢驗，毋寧是「人定勝天、工程至上」的另類袖珍攔砂壩，打著自然反自然、宣稱生態反生態，在經濟不景氣、國家財政窘困的當下，靠藉災變後急病投醫的社會盲目心裡下，如火如荼的展開，而全國無人瞭解這是另類浪費公帑、作賤土地的作法？～

■以烏石坑為例，它是多座從上游、上方山系崩積下來的土石堆所構成，並非一般地層結構的山，這地區歷來多是恆常性的大崩落地，自古地名常以「坑」、「乾溪」來稱呼，9‧21大震當然震落了許多舊崩積地形，這些地形自9‧21之後已再行天然修補，進行次生演替。依生態觀點，這些地形並不致於會再發生大規模崩塌（當然小崩塌與植被恢復會有拉鋸戰），桃芝之後，並無顯著崩塌即為明證，可笑的是，921重建委員會竟然大言不慚的宣稱，是因為他們實施打樁編柵（填補空隙是存有正面作用），所以才能通過桃芝考驗。事實上，剛剛動過手術最羸弱，剛施工後最不穩定，是因為這些邊坡不致於再度下崩，卻被政府拿來表功！

■所謂打樁編柵，即將此邊坡打造成
小階梯，破壞原有穩定，並將邊坡
上的喬木如大葉楠等砍除（其謂之
危木），此即傷天害理的情節，試問
政府植生綠化的最終目的，不也就
是如大葉楠等天然林的復育，政府
舉用不懂生態的綠化造園人士，創
造謀殺天然樹木的新名詞謂之「危
木」，委實罪過。

■其實此等邊坡的天然復育，就是靠藉這些「危木」所創造的庇蔭，發展帶狀小群落，再連結成網、成林。

烏石坑終極群落即台灣櫸木、大葉楠等原始林。

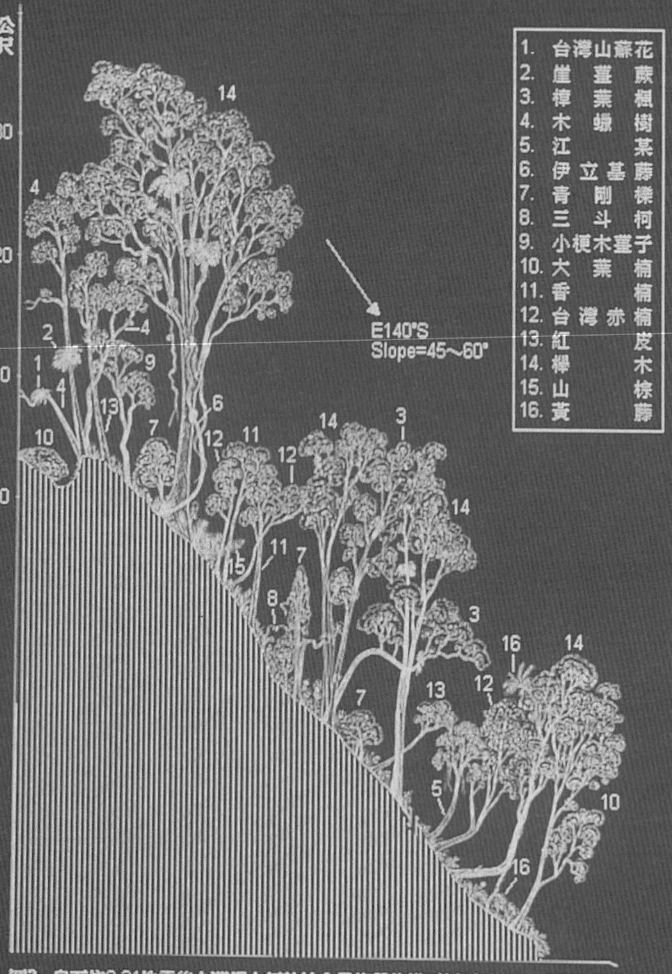
公尺
30
20
10
0
E140°S
Slope=45～60°
1. 台灣山蘇花
2. 崖薑蕨
3. 樟葉楓
4. 木蠟樹
5. 江某
6. 伊立基藤
7. 青剛櫟
8. 三斗柯
9. 小梗木薑子
10. 大葉楠
11. 香楠
12. 台灣赤楠
13. 紅皮
14. 櫸木
15. 山棕
16. 黃藤

圖2、烏石坑9.21地震後台灣櫸木優勢社會長條帶狀樣區剖面示意圖（2001.07.28）。

■烏石坑以及繁多崩積地形，自9‧21之後以迄2001年夏季，天
然次生演替已發展出，政府用人循私，竟將此天然復育的植
群再度破壞，且引進大量鋼筋、石化物質，此地又無救急之
需，如此耗費人民納稅錢，成就少數人虛假名利，真不知公
義何在？！

■現今耗資更龐
大，進行如此
工法，從自然
生態、水土保
持觀點，實有
一利百害的
「政治打樁」
之嫌！

■打樁編柵後再施以外來草種1盆5元，一、二個月內長出草地，謂之「成功」！實際上這些草根未及碰及原來坡地，遑論林木之可以捍衛水土。

■再如新政府「生態工法」的樣版區埔里善天寺崩塌地，

■其上方採圍堵降雨的地面逕流、填補縫隙，

■但桃芝來襲，土石仍崩塌，

■相對照於旁側並無實施打樁編柵、圍堵的崩塌區，2001年5月8日拍攝本圖，

■2001年8月1日桃芝之後，並無任何崩塌，根本不需人為處理！

■善天寺崩塌地耗資數百萬元的人工植栽，在桃芝降雨中崩塌大半（2001年8月1日拍攝），921重建委員會依然對外宣稱「通過嚴苛考驗，9成成功率」，新政府的「新騙術」的確令人「耳目一新」！

■善天寺崩塌地下方蛇
籠，見有該植生工程掉
落的鋼筋到處散布。

最可笑者，由於善天寺崩塌地上方實施沙包圍堵，不讓大水流進原崩塌帶，但地面逕流流竄兩側，另創新崩塌地！一處傷口經「醫生」敷藥，暫無化膿，但旁側新生2個新傷口，且確定係該「醫生」所導致，則責任與「醫生」無關？！神話中有9頭怪龍，你砍牠一頭，牠另長2個頭，即比偉大工程乎？！

■善天寺崩塌帶下方，並無人工
處理之處，天然長出的次生苗
木欣欣向榮，根本不必人為介
入而愈幫愈忙！

再舉一例，善天寺附近另一施工場，
2001年5月施工，種上外來草，

至2001年8月1日，綠專茵茵，
狀甚成功，然而，

■旁側另外創造新的崩塌地！

■對照旁邊並無人工植生綠化的裸地，同樣時間內，次生雜草
　長得比人工植草者佳，植物種類多樣，且次生林的野桐等苗
　木已長出，不出5～10年可達次生林！

■新政府「新工法」另一「樣版區」，埔里中心路活動中心後方
　崩塌地，將近7成的植栽帶崩落，

■工程鋼筋、不織布、塑膠散落下方，但政府竟然一再宣稱
「工程成功」、且不斷邀功或要錢，今更已擴大舉辦！

南投信義橋側的工事，桃芝之後泰半滑落，也是政府「通過考驗」的「例證」！

在此呼籲政府與人民，正視災變後不智且費而不
惠、破壞自然的一系列工程，請還給自然生界一線
復原的生機！請向大地學習！只有天然林、天然次
生演替才是平衡傷痛的正確療法！請把台灣的自然
還給自然！

■戒、定、慧政策及技術總建言：在世代思考、資源銀行的觀念下，政府應立即推動或改革者如下。

■1.立法禁伐天然林，確保台灣生界自然復育基因庫，為後代子孫保留選擇權。

■2.全面調查、清查全國土地，依據生態法則、環境條件暨歷史人文，劃分為保育暨經濟地兩大系統。

■3.20世紀以農林培養工商，21世紀總原則應以工商迴饋農林：在環境權、自然平權、價值哲學的背景下，作國土規劃法、環境基本母法的研議。

■4.杜絕過往短線炒作、政治近利的政策戰術立即反應，針對國家年度預算做合理分配，逐漸調整今之治山防洪或農林系統中，工程至上、利用第一、人本霸道的硬體比例，今之全民造林、種樹、重建等，殆皆屬於錯誤的膝蓋反應。

■5.隔代改造、軟體價值新建，研究暨教育系統必須撤換腦袋，扭轉經營管理暨規劃的舊時代思惟。

■6.遴選國有地、台糖土地，設置「國家育苗新村」，安頓遷村災民，並賦予特定年限之生計安排。

■7.研擬山地土地重劃，依據安全承載量局部封山，或採取輪替利用策略，融合原住民地力回復原則。

■8.研究規劃國家生態村全球移民計劃：調控全國生育率，逐年逐步執行人口安全承載量與區域分配。

十一、短文輯

1. 連番災變後談國土規劃

　　現今談國土規劃其實已晚了四、五十年，正因為太遲了，更應積極從事。

　　原住民時代的人地關係遵循自然律，且因人口低密度，放火燒山、游建聚落甚為頻見，而台灣土地及原生生態系尚可忍受、承載；文明人入侵之後，由於政權更替頻繁，東、西霸權、重商主義之以次殖民地之姿駕臨支配豩狗，政策一夕數變；清朝領台212年，更採封山閉關，聽任游民無政府式地蠶食鯨吞原住民地域，且閩粵、漳泉械鬥猖狂殘暴，「違法而就地合法」成為台灣國土暨資源利用的最大特徵與「傳統」。

　　筆者長年進行「自然資源開拓史」的口述史調查，化約歸納全台各地土地資源利用的模式，20世紀最濃縮的結論即在於：百年來台灣土地及自然資源的生產利用，從來不是為了島上生民及生界的永續發展，而是取決於政治政策、島國外貿取向，以及短暫近利心態。20世紀前半葉，以「農業台灣、工業日本」及「南進基地」為圭臬；20世紀下半葉，以「以農林培養工商」及「反攻跳板」為圖騰，更且，以大陸性平原及溫帶生態系的經營管理方式、技術及知識，施加於國土危脆的高山島生態系，更因20世紀末工技主義（現代神權）、工程至上的迷信，完完全全否定250萬年台灣島演化的和諧、秩序與穩定。

　　日治時代三大林場及終戰前的軍用材濫伐，導致8‧7及8‧1水災，中國來台的有識之士，於1960年代前後，如于景讓教授等，力主中、高海拔等山地森林禁止開發，類似今之封山主張，可惜諤諤智慧難敵過客主流，之後，有史以來最愚昧的山

林政策，包括「林相改良、林相變更」及伐盡檜木天然林，是今日土石橫流、旱澇交煎的根源。日治時代「不要存置林野地」之鼓勵人民申請墾植，伐樟取腦腦丁及林場僱工等，於國府接台後，就地落籍，形成今之山地造鎮的始祖，大約一甲子以來，歷經3代生齒繁衍，等比級數拓展墾地，且尾隨國家欠缺國土規劃及環境保護基本母法，農林政策隨時、隨國外需求而搖擺不定，從香茅草、蓖麻、香蕉、油桐、梅李、檳榔、茶園、夏季荣蔬∨之大規模墾植，每隔短暫數年，土地即全面翻變，相當於多次伐除作用，山坡地肉摧殘再三，水土流失後，政府當局施行攔砂壩，放任墾植製造土石下瀉，攔砂壩則蓄積盈溢崩積，一次大颱風豪雨，啟動潰爛之板機，於是土石長流、摧枯拉朽，是謂「零存整付、外加複利」的災變機制，接著，重建、復建工程成億成兆，再度投入「造災運動」，創造更多災難源，等待「天災」前來驗收。賀伯之後的重建工程，八、九成在桃芝報廢，今之「重建」正是最恐怖的殺手，世人只知土石流可怕，卻不解土石流是「受難者」，要知1公分泥土之化育，動輒千年、萬年，台灣繼「國在山河破」之後，即將全面進入「有國無土、有鄉無土」的世代矣！

依個人見解，任何改革只能奠基在既成事實與現實，現今台灣沒有海市蜃樓的夢幻遠景可規劃，只能面對殘酷歷史的結果作興革，但絕不能欠缺理想與遠見，以下僅針對「災區重建」，作一針見血的綱要建言，細節、技術從略。

一、全國山坡地、國有、公有、私有林地必須於短時程內，完成土地總分類，首先區分為經濟地及保育地兩大類，區分標準、原則，取決於生態條件、地體地質或地形等總體評估。所有目前論及「重建」、「造林」及所謂「永續發展、利用」的措施或事務，限於在經濟地考慮；保育地徹底留給自然演替

與演化去療傷，在保育地內，「專家不死，土石流不止、污染不除」！

二、土地總分類之後，保育地範圍凡屬現行墾植地者，終止租約或分區、分期斥資收回，經費來源由每年「治山防洪」、「全民造林」、「重建經費」，以及考慮由水費徵收「國家維生生態系成本稅」編列。

三、經濟地範圍，現今墾植地，模仿類似「市地重劃」，將災區各條小溪谷地開口兩側聚落、零散住戶，重新調整空間規劃，至少考慮2代人以上的預留，依總量管制、文化、生活習慣、生活型態等，由中央政府跨部會規劃之。兩大原則：1. 危地及相對安全地的區隔；2. 住宅與耕地的區分，然而，再美好的規劃，一旦落入鄉鎮基層「民代」、「派系」等黑金系統，必將面目全非，故而配套措施由法務部定區掃黑，且設計公民社會機制，以「以民治民、以民制民」始有成功機會。

四、上述「山地重劃」可考慮以集水區系為單元，例如陳有蘭溪或更小的神木溪、筆石溪、十八重溪等實施之，先期作業可採遴選危險地區試驗，必要時強制執行。早實施、晚實施，台灣終歸要面對不得不實施，更且，下游平原區必將受連帶波及。

五、最緊急危機四伏地區，請慎重考慮以台糖國有土地，設置「國家生態育苗新村」系統，由國家斥資興建國宅，安頓強制遷村人民，賦予育苗固定收入之工作，培育全國適地適種、真正多元的生態綠化苗木庫，且分階段作轉業規劃，漸進式完成適應社會新生計。

上述調查、研究、規劃經費，建請行政院由921重建委員會

經費調撥之，現今重建會之「治山、治本、生態工法」等噱頭，早已淪為農委會轄下，科技官僚小家子氣的枝梢末節文宣，不久的將來，即將成為新政府的包袱及危機。至於全盤國土規劃，非短文能交代。

2. 山區開路與災變

關於土石流、崩塌、沖蝕等，之與台灣山區道路的關係，謹就筆者長期於「災區」（註：現今世人所稱災區，僅指人員傷亡、財物受損的地區，事實上過於狹隘，較恰當的意涵或該涵蓋原生生態系潰決地域）觀測、調查的若干思考與歸納結果，簡約提供參考。

其一，一般省、縣道穿越的山區，無論順向坡（地層面的傾斜坡）、反插坡或崩積地形，通常並非造成土石流的主因或直接原因。此等山路效應之與地體表層的關係，應先區分選線問題、開路過程的施工作業，以及通車之後的影響分別探討之。

選線問題方面，歷來新中橫最被詬病的「錯誤」是順向坡，例如同富至神木路段，然而，整條新中橫穿越線，究竟有多少百分比係順向坡地段，應由地質專業全線計算、統計，且比對其地滑發生頻率，之後，才予「譴責」始稱公允。與其怪罪選線錯誤，而不檢討當年人治決策的因果，殆屬本末倒置、輕重不分。台灣的大弊病之一，即頻常陷入技術性枝梢末節之爭，而不直探結構根源。

事實上台灣山區無論選什麼線，道路造災效應只是程度問題，該檢討的是國土規劃、區域分配、安全承載量、人員及品質的管理，過往人治、泛政治、酬庸分贓的全國道路網系統，新世紀、新政權應予進行綱要計畫總檢討，一舉確立21世紀之

發展，且刪除不當之計畫，筆者懷疑，到底台灣的開路計畫，做了何等的總體評估！？

施工作業以及全部設計等技術性問題，只要在山坡上挖掘坡面，無論何種坡，一定切斷坡腳、截斷原有水流系統，迫令順向坡易生地滑、反插坡頻常崩塌、堆積地形更易陷落，其中，尤以炸藥開炸爲害嚴重，好似沿線創造分散式焦點強烈地震，震斷岩層、破壞結構，產生無法預測的大小裂縫，提供地面降水滲漏、侵蝕、切割的空隙或水路，賀伯及9_21大震全面性動搖坡面之後，各類地變頻繁、強度累積加成、連鎖發生，據筆者調查，桃芝只是「小攤」，但殺人之凶戾卻甚恐怖，人謀不臧、工程殺人恐怕是主因。

最不可原諒者，橋樑設計殊爲不當，夥同攔砂壩、擋土牆、堤防施工，將行水區霸佔泰半，土石流下注立即因橋樑橋墩堵塞，翻滾暴漲，排山倒海灌注旁側民宅，聚落瞬間慘遭掩埋，桃芝災變之筆石橋9戶27人之慘死，很可能即此工程殺人的重大案例，筆者目前正在調查現地，不排除提出控告國家的警惕，悲哀的是，賀伯災變的經驗中，此等摸式櫛比鱗次，賀伯復建工程卻一再重蹈覆轍，迄今爲止，卻不見國家公權、監察糾舉單位提出檢討，眞不知政府更替「有啥路用」！

再者，同一山坡面開鑿2條或以上道路，或S型蜿蜒盤旋而上者，其殺傷坡面程度尤烈，中橫青山上下線，以及全國眾多同坡面高密度道路案例，崩塌現象不可勝數。而直接相關土石流來源者，以開路廢棄土之任意傾倒最爲顯著，筆者在新中橫開闢之際曾予搜證，賀伯之後媒體採訪肇因，答之：「此乃新中橫總驗收」。

通車之後，由於施工創傷，車輛不等程度震動及變化性壓力，夥同邊坡農業上山，豪雨涇流經年累月干擾，依據筆者觀

察，新中橫自施工期間迄今，所謂開路之後，到達相對穩定或安全的時程至少10年，不幸的是，賀伯、921之後，諸多路段等同於重新開路，舊創未癒、新創更加，今後勢必永無寧日；過往，我們質疑南橫數十年來通車幾日、社會成本與運輸效益幾何？從而反對、批判所謂「新國道南橫」，且此間龐多特權人士合縱連橫、炒作土地，欲陷國土、生態體系於萬劫不復。

「新中橫」通車後，筆者連續追蹤10餘年濫墾、濫伐、濫建，1991～1993年發動多次運動、封山示警，眼見茶園（由政府農業單位鼓吹、獎勵）、檳榔、芥茉、果園、建物、甜柿等無任擴展，運動抗爭引來各層級政府單位檢討、痛責、取締，雷聲響徹雲霄，然而，試問迄今為止，除了就地合法、舊地擴充的「德政」之外，改善了什麼！！換句話說，「山中無政府」的管理問題，正是山區道路之癌！最最可怕者，主線一通，無法無天的農路系統，蛛網交錯、密若蜂窩，山不倒是奇蹟！

其二，農路系統及基層建設殆為土石流主因之一，但主導、主謀皆是「政府」及其縱容！此系列農業上山、向山搶地的所謂農路，基本上是「無法可管」，且為將山坡農產收成、運搬，「蝸牛車道」縱橫交織，每逢驟雨則蝕溝載道，水土流失不言可諭，配合賀伯、921至桃芝，乃至日後隨時天雨，潰決實乃司空見慣。

基層建設之道路鋪設，歷來罕見實施地質鑽探或研究調查，且因好大喜功、浮誇不當的擴大工程，因而隨建隨毀，連帶拖垮坡面者比比皆是，遑論偷工減料。最有名的烏龍道路即在筆石附近對岸，一條中央補助款500萬元，開在天然崩塌坡面上的特權農路，除了驗收之際以外，再也沒有任何一部車通過。

筆者歷來多次撰文呼籲，期待政府得以依據全島地理環

境、生態條件，總體檢討全國道路系統，破除無限成長、工程至上、人定勝天的迷思，尤其穿越台灣龍骨的所謂「橫貫」公路系列，偏偏「政府」總愛配合「專家」放言：「以今日之技術，土石流可以解決」之類的殘暴，不要忘了，再偉大的工程仍得蓋在地肉上，皮之不存毛將焉附？道路無道，任何災難必將接踵發生。台灣該封山的，絕對不止是中橫而已！

3.「人定勝天」

　　台灣山體地表的穩定性從來皆是相對程度性的現象，此乃因沈積岩層或其他變質岩系列（較堅固、穩定），在板塊擠壓過程中，斷層不斷產生，山體不斷碰撞、破裂，加上風雨及任何物理、生物、化學作用，自無永恆不變的「穩定」，但此乃就百、千、萬年時程而論，由1697年郁永河來台的記錄，1694年的多次地震，曾讓淡水河畔的台北盆地經歷滄海桑田的鉅變，歷來頻繁的地變，921逆衝斷層似乎衝破世界記錄的地層抬舉，的確可說明台灣先天的脆弱本質。然而，相對於1996年賀伯、1999年921大震、2000年象神，以及2001年桃芝，引發的地滑、山崩、沖蝕，以及土石流等現象，不應歸咎於台灣的先天條件，因為在先天的變遷下，才產生全島的鬱鬱蒼蒼。所謂「福爾摩莎」的美麗之島，基調就是綠色海洋而絕非土石橫流。

　　1989年之後，每隔2～3年發生一次大災變，此即百年開發成果的總驗收序幕開揭，換句話說，20世紀之前的大規模天災地變，發生的週期係百、千年以上，局部地區例如中橫西段、三義火炎山、頭嵙山、九九峰的週期最短，約50年至200年不等，其中不確定因素的主角之一係天然火災，但全部的「天災」，絕大部分的間隔時程在50年至百年以上，此乃筆者研究台

灣植被25年累聚下來的結論，因爲森林喬木族群的年齡結構，正可反映台灣地體的變動記錄，長期變動的模式，即台灣森林更新與傳承的模式，謂之天擇演化的結局。

百年之前，台灣地體及其他災變叫做「天災」；20世紀後半葉謂之「天人合一」；1989年之後殆屬「人定勝天」，絕大部分的災源盡屬人禍。1980年代前後，筆者傾全力批判林業、搶救天然林、反對系列橫貫公路、反對林地農用，抨擊的主要項目如下：

1. 砍伐天然林，山林唯用論。
2. 農業上山，超限利用。
3. 政府的謊言，以及產官學共犯結構的神話：
(1).引進大量外來草種、樹種造林，謂之「水土保持」。
(2).治山防洪（註：該治療的是人心、慾望、錯誤觀念，而山愈〝治〞病愈深）。
(3).原始林尚存73%（註：魔術數字，玩弄天然林、次生林、原始林的定義，欺負台灣人不懂森林）。
(4).樹木會老死，不砍白不砍。
(5).台灣檜木林「生病」，正在滅絕，必須砍伐、造林。
(6).雜木（先前林官將低價的闊葉樹叫雜木，要砍光，改種高經濟價值的樹木）。
(7).林相改變、林相變更（註：事實上是愈改愈不良，巧立名目將原始林幹光的化名詞。試問演化百萬年以上的自然林木，被視爲雜木、病木，要砍除，換上整齊劃一的柳杉、高價林木，你可認同？）
(8).砍伐天然櫸木林，美其名「研究試驗」。
(9).「植伐平衡」、「多造林、多伐木、多繳庫」的三多政策。

(10) . 鼓勵、獎助山地開發。

(11) . 森林法（註：即開發大惡法）。

(12) . 台灣森林「取之不盡、用之不竭」。

(13) . 保安林應該適度經營（註：歷來營林者處心積慮，就是要消滅自然林）。

(14) . 處理原始林（闊葉林），作林下補植（例如郡大林道）。

(15) . 殺盡原始林，復育「珍稀」物種。

(16) . 產業東移、北水南引、水庫、截彎取直……。

(17) . 專家宣稱：「台灣林業上造林之成就，已擠入世界之林……」；「今日台灣林業經營可謂已接近最高利用境界……」；「台灣擁有全世界最領先的水土保持技術與成果……（註：2001年最新版本，即重建委員會大言不慚的「世界首創一格的自然工法」、「緊急治本工法」）。

(18) . 森林一定要經營；天然林一定要經營。

(19) . 因為森林砍伐、經營幾十年，才有今天偉大的國家公園的美麗資源。

(20) . 山葵與林木共存，上下都利用；利用每一吋土地。

……

　　筆者一、二十年來的土地山林示警，書寫不下數十、百萬言、幾十本書，上述僅止於零散問題，1990年以降，鑒於大地反撲開張，銅門、紅葉災變之後，1991～1993年連續進行農林土地關懷運動，計算茶農每淨賺1元，台灣要付出37～44元的社會成本，發動封山新中橫，不斷預測、告急大災難即將到來（另如1994年3月12日在中時晚報宣稱：…檳榔、茶園…將在5～

10年後，以生態鉅變來報復…維生系統的惡化，加速潰決中；甚至於措詞強烈的抨擊「李、連政權必須為21世紀台灣的生態災難負責」），然而，直到新世紀桃芝災變，學者、專家在媒體上喋喋不休爭辯的還是天災或人禍！

「見山是山、見山非山、見山無山」，台灣土地歷經百年開發，山地殆已徹底潰爛，筆者哀號呼籲一、二十年的維生系統潰決已然發生，如今，山林捍衛地土的功能已消失，災難直接取決於颱風豪雨，因而今後的災變不必再辯論天人之爭，又回到徹底的「天災」！而全球氣候變遷傾向於，短時程連續暴風雨的頻率開低走高，所以氣象局成了池魚之災，預測準確度成了代罪羔羊，至於「原始林摧毀」這條元兇，依據人間法律規定，二、三十年未被定罪執行者，一概不必追溯，此之謂「人定勝天」。

4. 中橫搶通首勘──向行政院建言

「是石頭走的路，我們不會與之爭道；是石頭住的家，我們不會去強佔」原住民朋友指著土石流流竄區，多年前如此地告訴我。

2001年7月20日，距離9‧21大震差2個月滿2年，筆者應行政院重建委員會之邀，踏勘自災變以來首度搶通的中橫上谷關至德基路段（青山下線，上線依然封閉），對青山上下線最嚴重崩塌而觸目驚心的危脆國土，以及自然生態系長期的調適或演化，有了初步的認識；對「中橫復通」與否，以及9‧21重建委員會的功能定位，謹以最簡約方式，向政院建言。

一、中橫若能符合總體經濟效益及安全無礙的條件下復通，誠為全民所樂見，然而，依據災變後近2年的勘驗，青山上

下線許多段落相當於重新開路，且龐大潰爛地體粗估非10年以上難以安定，各類土石砂礫的安息角（穩定角度）不一，例如乾砂為20～35度、溼砂為20～40度；一般乾土為20～45度、潮溼土壤為25～30度；砂礫為30～48度等等，而植被次生演替乃至相對穩定的時程，從未有調查研究，無論傳統圍堵工法，或新近強調的生態工法，無人敢於擔保短期可資安全安定，何況許多段落土石流或崩崖角度皆超過45～60度。

中橫能否復通，第一優先考量者必須評估地體、地層、崩塌等風險，以及反覆工程之成本計算，其次才考慮邊坡植生。重建會開創源頭整治誠然為新理念，但距離成熟穩健的可行性仍在未定之天。骨折、內臟、肌腱挫傷若未能診斷而根治，整型外科或拉皮只是費而不惠的盲目。

建請行政院應就中橫復通與否之整體社會成本效益，作一長程、總體的總評估，依據全國、地方各層次，下分經濟、社會、聚落、農林、自然保育、安全等等諸要素，統析替代方案、零方案等，估算至少20年以上時程的評比之後，再下決策為宜。

依筆者見解，若能僅止於維持公務必要之便道暢通，讓中橫至少得有10年以上的安息時期，且在此期間做好真正本土全方位生態、地體的基礎研究，提供第一手復建工程的堅實學理與經驗，毋寧是較穩健的做法。至於對梨山、各部落、災民照顧，存有龐多方式可資規劃，若一昧以復通為目的，搶天所難，徒然耗損國力、再度傷害土地，則殊屬不智。

我們肯定重建委員會在工程面向歷來的用心與用力，但目前為止的措施，充其量宜以試驗之名進行之，要言之，檢驗工法之是否有效、成功，應以大颱風、豪雨、地震及長時期為考驗，且以能否完成原始林相為依歸。要知，最終審判者絕非專

家、學者或政客，而是大自然、土地及生界本身。

　　二、9‧21重建委員會不應只是災變後的任務編組，更應肩負國土利用與前瞻規劃的長程任務，宜針對災區乃至全國，作20世紀之土地利用、公共工程、治山防洪、農林政策、邊坡植生、防震救災等總檢討，關於水庫、電力或任何安全系統，亦應探討在戰爭時期的風險防範等等，研擬並試驗改革的新契機，並將歷來經手處理的施業與工作，長期列管、監測，讓行政院後續接管的主管機關可資追蹤，提供新世紀新施業之依據。

　　建請行政院審慎考量，重建並非復舊的同義辭，而是深入檢討20世紀欠缺符合生態法則的國土利用總弊病，重新依據全國各地地理、環境、生態、人文、歷史、產經、政治等條件，擺脫過往慣性窠臼，賦予劃時代的變革。具體建議，重建委員會可以是今後部會重組之中，關於國土規劃、山林保育、維生生態系保全等新單位的新種子或前身，目前乃至今後，重建委員會所有業務的總指導原則，應以提昇治標層次，進入治本改造的終極目標自許。

　　三、9‧21大震雖然帶給台灣無比慘重的傷害，卻也創造地球科學、本土生態世界級的活體大瑰寶，這代台灣人理應珍惜這次災變敞開的土地故事，儘速在近期內深入研究地體、生態的龐雜學理，開創本土顯學，否則天眼即將於短暫時程內閉合，我們也將坐失最佳時機，建請全國各類研究單位，速速進行地震後續相關研究。而中橫等工程，似乎不宜本末倒置，只求一時偏安。無論如何，不應一昧強調人本霸道、人定勝天的勇敢，不要忘了，台灣正是地震的產物，平均每10年一次大震，250萬年來卻可「震」成「福爾摩莎」的鬱鬱蒼蒼，是開發才引致今後無窮的大地反撲，建請政府放下開發的圖騰，讓土

石流回歸土石之家，不必再與石、與土爭道！

5. 振興經濟新神話 —— 解編保安林

　　如果說我們對「新政府」的環境政策、文化政策或林林總總的公共政策「失望」或「絕望」，那只不過是反映我們的無知或愚蠢，更顯現台灣人民主素養的幼稚與膚淺。然而，普遍性的「失望」或「絕望」是個事實，因為，原本民間反舊政府的經建掛帥、人定勝天、摧殘自然、耗盡後代子孫未來財等，全面反土地、反自然、反生態的政策與措施，「新政權」不僅沒有扭轉運勢，不僅沒有掌握接二連三的自然反撲的契機，作新世紀越時空的反省與前瞻，正好相反，搶得政權卻喪盡天良，讓台灣的環境與保育政策倒退至少二十年！經發會及農委會正要解編保安林；9‧21重建會大砍邊坡原始林木，創造新神話名詞「危木處理」，種上外來草種，說要邊坡植生、生態工法；行政院對退輔會「承諾」，設置棲蘭檜木國家公園跳票；最最諷刺的，反核二十年，終結反核運動者，不正是「阿扁政權」！？

　　知識分子的社會良知與行動是啥？不是該超越時空、跨越黨派，針對公共政策，以熱情、智慧與行動針砭之？新世紀以來，整個國土潰爛、災難連連，當局卻仍然依循過往的肇災政策，更且變本加厲，一切向錢看，一切唯權是問，而學界默不作聲，環保人士死光光？以前的環保先知、保育教父今何在？過往的御用學者，今天還是學者御用？以前口口聲聲愛台灣、愛土地、拼到底的「鬥士」，如今為何又成了幫兇？什麼是人情？何謂公義？為何總淪落為黨同伐異、牽親引戚，而非對事、對未來世代、對是非、對智能遠見的客觀？

　　土石橫流的大難已開啓，只聞要「種樹」，卻忘了根本的

「不要再砍樹」，尤其是天然萌長的最佳防災屏障，最最恐怖的是新政權卻創造了「危木說」，將那些大震震不掉、洪水沖不走的原始林木叫做「危木」，僱工將之砍除，而林務局人員來電告知「不忍卒睹」，卻又淪為「執法者」？！這是什麼邏輯？東台最後淨土，執政黨拼命許諾，要以近4,000億代價，開闢花東高、蘇花高，繼水泥肉粽摧毀海岸線之後，更要終結東台的骨髓；為了勝選，陳水扁總統邀見台中縣市議員，報載「要以行政命令解禁台中市後期發展區」，讓誰當選，「陳水扁不會讓大家失望」，令人不勝感嘆當年民進黨是如何痛批國民黨「期約賄選」！而賀伯災變後，李登輝錯誤的「全民造林」急就章政策，農民為了領錢，僱工將數十年自然演替的森林伐個精光，再種上苗木謂之造林，新政權概括承受，還要擴大舉辦！

而源起於1901年台灣總督府公布台灣保安林規則，1905年公布施行細則，隔年開始調查、編列的保安林，1907年公告的全台第一片保安林，即高雄柴山（壽山）的67.05甲水源涵養林，以及24甲的土砂捍止林。1907年編入保安林者計23處、2,068甲。至1944年，保安林有486處，面積374,944公頃。

國府接台之後，1976年保安林428處、366,849公頃，較之日治時代縮減。之後，經多次增、刪，1987年12月底，保安林計有530處，面積440,203公頃，而與1935年總督府原擬訂保安林編入444,914公頃之數字，相差不多。

然而，保安林的法規、納編、分類、解除、清查、檢訂、施業（含採伐、更新、造林、撫育等）多所變遷，觀念及做法存有歧異，一般人民搞不懂多如牛毛的名詞及類別，遑論新政府搞經濟要解編保安林的問題。

顧名思義，保安林就是要防災保安，也就是環境保護的山林地，設置目的在於國土保安與環境保護，過往還強調附加價

值的生產；爲強調「治水」、「治山防洪」等人爲經營能力，有林業界人士解釋成「保安造林」，無論如何，保安林當然是治山防洪、救災救難、國土庇護的最敏感地區，自1985年以降，政府強調「擴大、擴編、限期造林、限制採伐」。而接近都會鄉鎮部落的保安林，正是人口聚集處的守護神，不幸的是，也是濫墾、濫建、濫葬，以及都會聚落膨脹的鯨吞蠶蝕地區，造成林務單位最易受到利益團體、政客扭曲、批判、攻訐的根源之一。

如今，從銅門、紅葉、賀伯、9·21、桃芝、納莉等全面土石潰決、國土瓦解的災變中，新政府所學到的教訓竟是多種樹，且正要解除保安林而就經建發展之所需！挾藉著賽勝緊急命令的經發會「共識」，迫令農委會於12月提出「解除保安林審核基準」。

我們在此要提出緊急呼籲，期盼國人正視此等問題的嚴重性，更要要求林務局嚴陣把關，要知當年提列保安林之考量，必存有地理、地形、環境及保安的必要性，即令林木遭盜伐，或一籮筐「違規使用、保安目的已消失」的理由，在目前的政治水準歪風下，難保城鄉安全，千萬不能讓土石流擴延平地都會，而選票考量更讓人深惡痛絕。

十多年來我們一直在社運界直接、間接促成政治改革，然而知識分子絕非聚黨結派、近親交配，更不能存有盲目情結。奉勸「新政權」，一旦中堅沈默的良知層發出怒吼，很快的，「新政府」即將變成另一個「舊政府」！

6.逆向思考WTO

台灣即將入會WTO的數月前，許多非政府民間組織（NGO）

與筆者，收到寄自WTO組織的說帖與資料，包括「給國會議員的WTO政策議題」等。這些資料首揭為何需要世貿組織，說明當今世人無法自絕於國際貿易，反覆陳述WTO 帶給全球人類的一切好處，簡介WTO的歷史，高舉人道、公平、公正、公義、公開、排除糾紛、遠景展望的大纛，強調每一個國家或獨立經濟體（關稅貿易區）的諸多行業，都可在自由市場的經濟體系中，從全球60多億的客戶身上獲取利益，且如何透過WTO的回合談判、諮商會議等，解決紛爭、一視同仁的機制運作。

　　該說帖卯足全力解釋，貿易可以有效增加工作機會、消除貧窮、促進經濟成長、對全球人類如何有利，而各國政府不必擔憂因加入WTO而喪失主權，WTO並無干預內政，不致於妨礙各國的政策制定，且WTO的協定具有高度彈性，換句話說，WTO簡直是民主制度之上的超民主，然而，這些資訊同時陳述了WTO對NGO的善意，雖然係以技巧性的譴責，數落1998年5月日內瓦及1999年11月西雅圖部長會議之遭受NGO的「暴力示威」；不僅如此，資料後半，隱約間正在灌施全球化及貿易的新價值觀，一方面撇清WTO與環保、人權、生態、文化的困境或問題，一方面卻試圖闡釋WTO有助於環保紛爭、風險評估與食物安全、智慧財產權、醫療、生物多樣性的諸多處方，簡單一句話，WTO正是21世紀全球的「萬靈丹」。

　　「我國」是關貿總協（GATT）1948年23個原始簽約國之一，因政權易手而退出，GATT於1995年轉型為WTO之後，舉國上下莫不以加入WTO為台灣重返國際社會的代名詞，普遍認為其可提升台灣的政經地位、維護經貿權益，分享國際市場且帶動經濟發展，甚至於是兩岸關係的第三種超級有利管道，因而自1990年以「台、澎、金、馬關稅領域」向GATT扣關，經歷多重難關，包括政治壓力、棄豬保米、棄米保豬、傾銷及半傾銷半導體、

301條款、米酒風波……，多如牛毛的事件，冗長繁瑣的談判，好不容易終於依據中國意見，「尾隨」中國而入會。

當「全國薄海歡騰」慶賀台灣入會的同時，卻罕有人透視此一全球統一化；消滅文化暨價值觀多元化；創造貧富差距更大或懸殊化；違反生態演化；製造全球風險集中化（將所有的蛋放在同一籃中）；改變全盤生活習慣、人性、價值、文化與信仰的大顛覆等諸多問題，其實是種超級文化霸權的襲捲全球，從某些角度而言，更是劃時代的另類大戰爭，或大瘟疫式的恐怖主義。

如果我們由近代史審視，從西方重商主義發韌，清末中國與列強的不平等條約、二次世界大戰，以及戰後的聯合國，無一不是霸權興起，打破舊世界保護系統，以貿易（包括軍火）為手段，遂行罷佔市場，獲取最大利益的侵略行為，基本上就是資本主義、消費文化對全球資源的掌控與爭奪分配權問題，更且，其技巧、包裝愈趨高明、巧妙，針對人性弱點，由物質文明滲透至價值文化的總顛覆。其由船堅利砲打下東方城牆堡壘，再由鴉片遞變為麥當勞，控制東方人、第三世界的肚皮與大腦，蔣夢麟在其名著《西潮》一書所嘲諷的，佛陀是騎牛到中國，耶穌則是搭乘砲彈東來，寓含著所謂現代化、文明化、都會化、貿易化，正是西化、工技理性化、資本主義化的本質。

就筆者這輩走過半個世紀的人來說，小時候大多喝過美援的免費牛奶，禮拜天上教堂為的是領升麵粉，街頭巷尾不時可見穿著裁自麵粉袋內褲的叔叔伯伯，屁股中心還頂著一面美國星條旗，且隨著星條旗遞變為兩隻手緊握的「中美合作」圖案，乃至消失的時空變遷中，台灣人開始買麵包、喝咖啡、到都市逛百貨公司。1950～60年代，大量美援物資成功地改變了

東方人的飲食習慣，稻米文化不敵小麥文化，及至1980年代，水稻田不得不休耕。多年前當筆者訝異於爲何日本米食再製品充斥台灣超商、7—11之際，我推論日人早就察覺西方強權、資本主義深遠的陰謀，憚心竭力要保住米食文化的嘗試，即令如此，日本還是於戰後，透過團塊世代、企業戰士在美國的培植之下，工商快速成長，西化程度凌駕所有東方國家，新世代的突變，更讓所有眷戀傳統文化的人士吁噓不已。

筆者並非蓄意逆潮流、唱反調，上述的問題與議題只是點出局部的反思項目而已，但若由個人生態專業出發，則筆者必將走上反全球化的陣線，因爲WTO當然是強權統治技巧的進臻化境，它將在21世紀重創全球生物歧異度，消滅人類文化歧異度，它是一種慢性毒藥，緩緩滲透的安樂死魔術，它將令從來都是外來強權文化的台灣，不再存有自主神經的可能，所謂本土文化原本僅剩殘渣、空殼，不久的將來，必將由台北擴散到南台、東台與深山，如今的「台灣民主」，早就是徹底消滅主體性、自發性的腐蝕劑，加上WTO的全面顛覆，不出20年，台灣人很可能都成爲先前在西方世界所戲稱的「香蕉」，當然，你可回應「香蕉」也不錯！

台灣人不可能自絕於世界，國貿這條路也早就是台灣人的宿命，原本台灣即屬於世界不設防的城市，民族的自信更加蕩然不存，加上國格丟失，談判技巧不足，以及背後強權的合縱連橫，令人無法盲目樂觀去迎接充滿弔詭的希望，國人更不必天真的相信WTO的「民主與公正」。多年前筆者以公務員身份前往夏威夷參加一項國際研討會，費用由美國東西文化中心提供，美方更安排參與者住在美國人的自願家庭數天，筆者直接詢問某美國朋友：「你們的文化強調給與取，爲什麼對我們這麼『好』？」，他誠實回答：「我們要你們瞭解什麼是美式文化

的好處，有那麼一天你成為貴國的政要，你就會親美」，很坦白，夠自信。

十年前，一些農業界朋友憂心忡忡的談論，入會之後，台灣農民很可能淪為打卡上班的農工，因為土地屬權狹小，加上農地商品化，賣地予拖拉斯之後，又無理財及經營能力，很快的將耗盡老本，重新投入大地主旗下當農工。近年來台灣社會的貧富差距拉大，加入WTO之後的成果，不妨以此作為指標來檢驗。

衷心期待，國人冷靜且長遠思考多面向且複雜的社會、經濟、文化、價值等龐雜問題，更盼望在地自主文化得以成長、茁壯，且融入內銷系統的經濟民生。牛奶再好，以哺育稚牛為最適宜，人奶才是人類的根本，廉價的無用品再多，而何益身心健康？政府更該轉化消極對農民、農業的應變措施，會同文化單位及普羅民間，如何長遠規劃，以及培育台灣人自主性的生活文化價值觀，而非僅以數據、估算，簡化全球化的大議題。假設台灣還有環保團體，新世紀的大命題必須包括反全球化、反WTO無孔不入的跨國污染與隔海傷害。

911帶給美國的反省似乎不足，WTO其實是台灣另類921，限於篇幅，本文僅止拋出些微反思綱目，實質內涵有機會再予詳論。

【附錄】：烏石坑崩塌邊坡生態綠化的檢討與建議

摘要

921大震及桃芝颱風浩劫後，全國捲進水土保持、國土規劃、救災工程的盲目漩渦之中。其中，關於崩塌地邊坡植生問題，自2000年以來，政府提出「生態工法」、「自然工法」之說，事實上並無真正生態或自然之內涵。作者以烏石坑崩塌地為例，調查植被及其演替傾向，向當局提出若干技術性小建議，同時，確定目前之該崩塌地，係以台灣櫸木林為相對穩定的原始林相，植栽設計應以之為依歸；本文強調，今後植生及工程處理，不應列有所謂「危木」處理，建議任何施工，必須儘可能保存且不傷害天然自生的任何植物及其群落。

一、前言

目前主掌全國農林土地全面事務的最高行政機關為行政院農委會，因而近十餘年來天災地變之復建、復育，當然亦以之為龍頭。千禧年政權轉移，新總統及民進黨政府將1999年921大地震之後的「重建」，訂為「中央政府兩大要務之一」，先是，於2000年5月22日起，成立「921災區土石災害緊急水土保持處理計畫」及「921災區『颱風季節』土石災害緊急水土保持處理計畫」，勘診土石流危險溪流及崩塌地3,015處，辦理緊急工程243件，復由農委會主委於2001年1月16日，下達行政命令（一般書寫為「指示」，係重建委員會第五次委員會議決計畫案，由行政院長裁示照案辦理者），法源為「水土保持法」第25_27條及第31條，規劃暨執行「921重建區土石流及崩塌地源頭緊急水土保持處理計畫」，第一期實施時程為2001年2月1日至5月31

日。

　依據中華水土保持學會編印（2001）的手冊，從土石流整治的願景、策略，強調「多做不錯、不做最錯」、「圖利人民是公務員的天職」、陳總統的重點施政、農委會要「整治大地」、「源頭處理」、「生態工法」等，以迄任務編組暨實施，信誓旦旦地宣稱該計畫爲「治本工法」，其敘述此一「治本方案」的特點有5：1.從源頭尋求解決方案；2.確定土石流之肇因；3.袪除肇因，避免土石流發生；4.植栽復育，穩定山坡，永除土石流災害；5.以生態工法爲主，並運用在地失業人工。同時，比較所謂治本工法與傳統工法如下：

（一）、土石流治本工法之優點

　1.源頭治理，避免問題發生。

　2.工法簡單，人人可參與。

　3.可運用重建災區大量勞工，解決部分失業問題。

　4.絕大部分工事可採生態工法與自然環境共榮共存。

　5.避免做大量防砂壩，減小對環境的衝擊。

　6.可就地取材，降低成本。

（二）、傳統工法，治標為重

　目的在消耗土石流潛能，但造成岩層裸露及地力嚴重衰退。

　方法及成效：

　1.應急，安民心。

　2.建高壩，防土石下流。

　3.建蓄砂池，方便清理。

　4.建堤防，防土石流竄流至民房及稻田。

　5.建引導土石流圳道。

6.加大渠道斷面，讓土石流通行無阻。

其次，工作要項以集水區爲對象，由上而下，分成4區段進行整治：

（一）、坡頂源頭處理

1. 稜線地帶勘詢及塡補裂縫。
2. 截、導水處理，將地表水引流至安全地點，排往山下，以防流入裂縫或崩塌坡面。
3. 崩塌地上方稜線邊緣之高莖危木應截短。
4. 無法挽救（留住）之土石及樹木，將之清除。

（二）、崩塌裸坡面處理

1. 整修崩塌坡面，去除危石。
2. 視坡面陡緩，做適當之編柵及截導水工（橫向），將地表水引到植被良好地區。
3. 在坡面外圍做適當之截水工，以防坡外地表水流入崩塌區。
4. 防止沖蝕溝繼續沖刷侵蝕，可塡平蝕溝或做護底工。
5. 做植栽工以穩定坡面，幫助受創的大地復原。

（三）、坡腳堆積區處理

1. 堆積地坡面打樁編柵，並施做截、導水工。
2. 堆積地基腳穩定工。
3. 做植栽工以穩定坡面。

（四）、土石流沈積區之處理

1. 依集水區面積及設計降雨量，計算所需排洪斷面。
2. 疏濬沈積土石，以提供所需斷面積。
3. 土石流沈積區處理以生態工法及就地取材爲主，以構築

適當之護岸及固床工。

4.兩岸進行植栽，以防新沖刷。

5.沈積區之全面或局部植樹造林，以作爲緩衝林帶。

此一計畫成立了28個緊急處理小組，由921重建委員會郭副執行長擔任總召集人，經費5億元，各項執行工作包括裂縫勘尋、工程核定、講習、決定工法、施工等，也就是說，雖然總負責單位是農委會，但實際執行計畫者係臨時性「任務編組」的「重建委員會」，統轄水保局、林務局、鄉市鎮公所及專家學者團等，分工合作進行之。

該計畫將土石流及崩塌地源頭等，區分爲三類型，即重要土石流地區、已植生處理區，以及崩塌地源頭區裸坡，然而，依筆者實勘見解，該區分似乎只是公家機關預算或其他行政權宜方便之設計，並非依據崩塌地地體、原理、問題及處置的分類，並無斷然可分的所謂「類型」。此計畫可謂「破格用人」、「決策奇特」，且如火如荼而彷同拼「業績」的展開，其在全國媒體佔有相當份量，爲新政府新政的代表性施業之一。

台灣過往治山防洪各項工程投資龐大，水土保持專責機關、研究單位、濟濟人才，以及繁多試驗與施業，不可不謂「殫精竭智、用力頗深」，只可惜並非「根源」整治。而歷來筆者口誅筆伐，批判其爲「零存整付」的造災運動、以工程培養新災難，甚至於宣稱「專家不死，土石流不止、污染不除」，且明揭過往原始森林砍伐、長年農業上山、山坡地超限利用等等過度開發，造就物理性及生物性災變，才是根源問題，因而從事十餘年以上的森林運動、農林土地改革運動、搶救原生林的街頭抗爭、宣揚自然理念、強調生態綠化、實踐購地補天等等保育訴求（陳玉峰，1985；1987；1990；1991；1992；1994；1996a；1996b；1996c；1997a；1997b；1997c；1998；1999；

2000a；2000b；2000c；2001），反對政府放任或鼓吹、獎勵農林開發之導致全面潰決，再以枝梢末節的工程，頭痛醫頭、腳痛醫腳的鋸箭法療傷；筆者力主分期、分類補償回收承租地；全國林地及坡地總分類；確保目前各類殘存原生林；依據各地不同次生演替模式，加速天然林的復育等等，不幸的是，農委會當局昧於傳統開發利用的功利，礙於選票現世政治衡量，且唯用主義與自然情操的嚴重欠缺，從不肯洞燭根本，從未扭轉人本觀念，僅在文字、文宣打轉，任憑民間呼籲、抗爭，而迄今本質未曾動搖。

民進黨執政之後，無論八掌溪亡魂案、高屏大橋的終結、阿瑪斯油輪漏油、梨山森林大火、高雄水患、桃芝慘劇等等，舉凡聳動災變或「意外」，莫不與20世紀的盲目開發與觀念錯誤息息相關，更遺憾的是，新官僚僅以人事、政治、社會之「安定」為圖騰，既不思五十餘年總病根之檢討，舉用科技官僚以政治考量為優先，在農林土地災變面向，完全欠缺對台灣具備足夠認知的人士，聽任舊官僚、舊習氣走回頭路的墮落接踵發生。

事實上，凡此「災變」皆屬「正常」，關於大地潰決的預警與抗爭，我們已聲嘶力竭地痛陳十餘年，而五十餘年向天搶地，導致豪大雨沖蝕氾濫之下，災區非慘字所能形容，而災後總是工程重建，預埋下次災源，且迫於「民怨」，只好「永續」飲酖止渴，長期循環而看天定奪。繼賀伯、921大震、象神之後的桃芝風雨，實為銅門災變之後，系列大地反撲的「典型範例」之一。

而「921重建區土石流及崩塌地源頭緊急水土保持處理計畫」是否能發揮「緊急」處理的功效？或只是幻象式的花錢買文宣？天底下可有所謂應急的「治本工法」？921之後，幸虧存有

將近2年的時間而災區並無嚴重降雨，然而，桃芝則帶來第一陣豪雨考驗，部分921大震所崩解的土石大量排出，因而許多地區的悲劇浩劫，較之賀伯與921嚴重，凡此，皆爲數十年摧毀地體安定性的潰決，絲毫沒有意外，民間長年來所呼籲、示警的不幸一一成讖。

尤有甚者，農委會及重建會標榜治本的「生態工法」，似乎並無眞正採取符合特定地區、特定環境下，特定的次生演替模式、潛在植群或頂級群落之研究成果用以施業，其所謂植生，仍然以外來草種，加上幾種本土植物，只要照顧長出綠意即謂「成功」，也就是說，自筆者、民間倡議生態綠化的14餘年來（陳玉峰，1987），政府單位只援用了一堆名詞，包括某些單位原名「開發處」之易名爲「保育處」，一夕之間即可「保育、永續發展」琅琅上口，而濫用「生態」、「保育」及「永續」，或行掛羊頭賣狗肉之實；今之欠缺生態內涵的生態工法，理應進行實證檢驗，避免魚目混珠，或公共政策遭受民間之誤解。本研究系列即針對921災區，農委會及重建會之土石流、崩塌地源頭水保計畫施業區，進行調查研究與討論。首先，對烏石坑地區大雪山530林道旁，一處約600公頃裸露或崩塌地，自2001年6月施工以降，筆者首次前往調查日期爲7月28日，拍攝號稱「世界首創一格的自然工法」，採用附近自由村及泰安鄉民共計250名人力，不必發包而進行陡坡釘樁、「高莖危木」鋸除、裂縫填補、地表水截導、客土袋堆置、打樁編柵、袋苗穴植等等工作，其場景壯觀而從業人員逕自戲稱爲「萬里長城」。

桃芝颱風過後，筆者再行復查5處崩塌地邊坡處理，產生諸多反思，然而，理學批判容不得信口開河，或儘依常識，據下批評及籠統論議。因此，本文先對烏石坑崩塌地之施業，由植被生態觀點剖析，提出對現行施業的簡約檢討與建議。

二、研究地區概述

　　烏石坑「萬里長城」崩塌地整治區位於台中縣東勢鎮東隅，沿大雪山530林道，即烏石坑溪旁側上溯，越長青橋上躋一山脈平稜，林道旁平坦杉木造林地東向坡，以迄東北向山坡，下抵乾溪河谷，即施工所在地，如圖1。

圖1、烏石坑植被調查樣區位置，＊表示樣區位置。

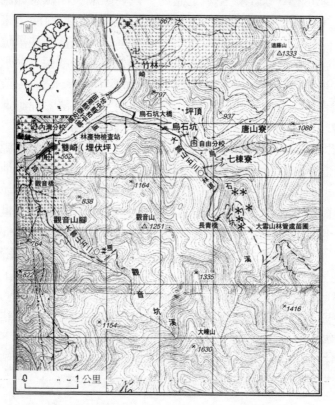

對面即七棟寮、唐山寮廣大果園所在地,林道上方即原大雪山林管處苗圃,今為特有生物中心低海拔實驗地。

由該地地質露頭的觀察可知,除了小比例坡面可見地層結構之外,大部分山坡面盡屬民間所謂「落屎石仔」,也就是崩積地形所組成,經由河流切割、重力、降水、地震等影響,自然狀況下即屬恆定性崩塌區,由河谷、河床的造形即可判斷,更且,地名、溪流名稱,更可反映永滯崩瀉的環境特色,例如所謂乾溪,正顯示該河床自古以來即堆聚崩落石礫、岩塊,以致溪水下滲,平常見不到任何溪水;烏石坑溪亦張顯石礫堆積滿谷的特徵。

此等環境端賴天然植群反覆演替,且與地震及其他摧毀性外力,針對地層作相互拉鋸或近似週期的抗衡。

此外,過往大雪山230、231林道之檜木林全面皆伐,筆者認為係崩塌的遠因。

三、調查方法

植物社會樣區調查沿襲筆者一貫的樣區法(陳玉峰、黃增泉,1986),另對一東南坡向,地震後仍然維持相對穩定的台灣欅木林,作一長帶的剖面圖,用以說明崩塌與演替的關係。此外,全面性觀察與現地歸納,集結為調查區之敘述。

四、結果與討論

大雪山530林道旁,朝東、東南至東北方向的傾斜坡旁,即現今杉木造林地的相對平坦寬廣主稜所在地,由地形推估,應為古老崩積地形所形成的土石堆山體,在地質年代,由更高海

拔經大地震等長年累聚而成，再經河流回春、下切，形成今之乾溪及烏石坑溪，分別在東北及西南側向下、向側侵蝕。

由現地平坦寬稜上多人工石塊堆陳、臚列可知，先前曾為原住民部落聚居處，經荒廢、次生演替為原始林，再經伐木、人造杉木成林，且近期（20年內）必有林下除伐整理，以致欠缺第二、第三層小喬木的存在。據此環境或舊聚落的存在，筆者懷疑目前崩塌地整治區，是否為日治時代或之前的原住民農耕區，或至少局部是利用地。

崩塌區之坡面存有凹凸不一的小側稜與侵蝕溝，其中若干小側稜（小凸起）尚存台灣櫸木林的長條形陡坡林分，茲將此林分繪製成一剖面。

四－1、台灣櫸木林破碎林分剖面

圖2示崩塌區一條E140°S方向，朝溪底以45～60°坡度陡降的長條帶林分剖面。長條帶左右兩側為漸層下崩區，圖左側上方即另一面凹陷區，凸出剖面的大樹樹梢為大葉楠，該坡向為東北。

本剖面由左上至右下斜坡底長度約100公尺，最高喬木高度約35公尺，繪圖時將山坡縮小為3分之2左右。左上2株木蠟樹、1株紅皮，估計約20餘年生者，筆者認定其為次生喬木，由其下方巨大台灣櫸木的固定作用，累聚崩塌土次生而出；紅皮下方為小梗木薑子（第二層）及第三層的青剛櫟，其次便是整條長剖面的關鍵大喬木台灣櫸木，其最寬胸徑將近2公尺，推估樹齡大約超過200年，樹上約在第二層次高度範圍，附生許多崖薑蕨、台灣山蘇花、書帶蕨及蘭花，蔓藤以伊立基藤、黃藤為主，另有菊花木、血藤、猿尾藤、酸藤、廣東山葡萄等，散見於其他樹梢。

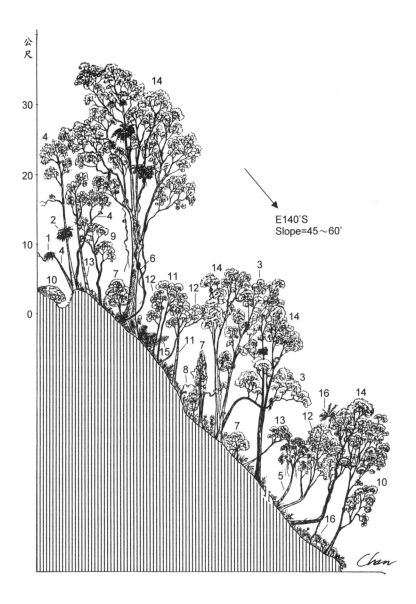

公
尺

30

20

10

0

14

4

2
1
4
9
13
10
7
6
12
11
12
14
3
15
11
7
8
14
3
16
14
5
13
12
7
10
16

E140°S
Slope=45～60°

Chen

第二處樹木集中處即圖2中段，先是小樹體型的三斗柯，繼之以林冠遭折斷的青剛櫟，之下，進入台灣欅木及樟葉楓聚集處。由胸徑判斷，可視爲繼上方台灣欅木拓殖穩定成林之後，較晚近形成的小林分，且其在形成過程，推測曾遭落石或崩塌侵襲，以致於樹幹呈現下傾再斜上舉的樹型。

　　下坡段樹木集中處，由上至下爲江某、台灣赤楠、台灣欅木及大葉楠，除了大葉楠之直幹之外，顯示成長過程中必遭崩塌落石之衝擊影響。

　　由此坡面可推衍，在邊坡裸地、岩隙等，一旦有台灣欅木等台灣崩塌坡地，或溪谷中上坡段最適應的樹種拓殖，建立據點之後，其根系沿孔隙盤結、拓展，經由大、小地震，或雨水逕流切割，刺激新生根系產生、塡補，一再鞏固其範圍內的基質或地土，並自我茁長。同時，以其固著地土、年週期落葉枯枝之增添腐植質，改良其近鄰生育地，提供森林發育之條件，故如三斗柯等物種漸次入據，亦可提供次生乃至終極群落的組成（視近鄰種源而定）發展。然而，若地體變動週期較短，則停滯及反覆更替於特定階段，故由植被生態學切入，當可瞭解特定地區地體地變之若干指標。

　　崩塌區另一小側稜坡向爲N20°E，坡度亦在45°以上，仍以突出林冠的2株台灣欅木爲顯著指標，但其下及山坡中、下段，則以大葉楠爲優勢，伴生樹種有次生類的山豬肉、山埔姜、無患子等，黃藤則量多。故而調查範圍海拔之介於700～850公尺之間，若坡向爲東北或陰坡，則大葉楠數量增加；若較向陽，則以台灣欅木及次生喬木爲主。而溪谷自爲大葉楠的天下，但海拔遞降後，且土壤層較深厚的生育地，茄冬及桑科樹種將增加，甚或形成主優勢族群。

四—2、植物社會敘述

表1、台灣櫸木 優勢社會

Plot No：1　　　　Date：07/28/2001　　　Place：烏石坑崩塌地尾嶺斜坡旁
Investigator(s)：楊國禎、陳玉峰、王豫煌、陳欣一

T-1：	30m	60%	H ： 1m 50%
T-2：	15m	70%	Exp. & Slope：E95° S，Slope≒45～60°
T-3：	7m	80%	Altitude：800m
S ：	4m	70%	20 ×20m²

		T-1			T-3			S			H
3	1	櫸木 (2株)	1	+	烏心石	2	2	金狗毛蕨	1	1	橢圓線蕨
2	1	木蠟樹 (2株)	+		青剛櫟	1	1	華八仙	1	1	海金沙
1	+	紅皮 (1株)	1	1	裡白葉忍冬	1	1	伊利基藤	1	1	細葉複葉耳蕨
1	2	伊立基藤		+	台灣赤楠	+	1	毬蘭	1	1	台灣山蘇花
1	1	崖石榴	+	+	虎皮楠		+	紅皮		+	瓊楠
	+	桐櫟柿寄生	2	1	大葉南蛇藤		1	九節木		1	崖石榴
1	+	薯豆	1	2	菊花木	1	1	台灣蘆竹		+	颱風草
				+	彎大雀梅藤	2	2	山棕	+	1	半邊羽裂鳳尾蕨
				+	鵝掌藤	1	1	玉山紫金牛	1	1	落鱗鱗毛蕨
		T-2	1	+	黃藤		+	三斗柯	1	1	細梗絡石
1	1	青剛櫟	1	+	飛龍掌血				+	1	猿尾藤
1	+	小梗木薑子		1	猿尾藤					+	威氏鐵角蕨
2	1	大葉楠		+	小葉石楠				1	1	金狗毛蕨
+	1	書帶蕨		+	台灣山香圓					+	奧氏虎皮楠
+	1	台灣山蘇花							1	1	求米草
1	1	長葉木薑子								+	台灣石楠
1	+	血藤								+	刺杜蜜
	+	山櫻花								+	大頭艾納香
	+	黃杞								+	紅鞘薑
	+	江某								+	櫸木 (小苗)
										+	沿階草
										+	白飽子
										+	芒草
									1	1	菊花木
									1	1	血藤
									1	1	酸藤
										+	姑婆芋

崩塌面原先植物社會應存有至少2大類，即台灣欅木優勢社會及大葉楠優勢社會，但後者目前較破碎或面積狹促，在此暫略之。

1.台灣欅木 優勢社會（*Zelkova serrata* Dominance-type）

茲舉圖2剖面的大台灣欅木附近，20 ×20平方公尺的樣區為例說明之，表1即樣區內容。

本樣區之所以總覆蓋度偏低，可視為崩塌後部分植群消失之所致。而本林分的完整林相，結構可分5層次，若發育完整，可形成台灣欅木的純林，而烏石坑先前曾被指稱為欅木的故鄉，金平亮三（1936）敘述大甲溪、北港溪河谷量多，事實上海拔600～1,500公尺地域的溪谷兩側，存有諸多優勢社會或純林，陳玉峰（1991；1995）調查六龜屯子山，海拔1,300公尺、坡向也正是E140～S的台灣欅木純林，伴生之優勢木為樟葉楓，附生植物崖薑蕨等，形相上與烏石坑如出一轍。

2. 台灣赤楊 優勢社會（*Alnus formosana* Dominance-type）

台灣赤楊優勢社會遍佈全台中海拔破壞地、崩塌地，且沿溪谷下抵近乎平地，但其分布中心仍以1,500～2,500公尺為基地。

烏石坑調查區域內散見，但在平台尾稜出現一片小林分，調查樣區如表2。由於此赤楊純林區緊鄰舊部落遺址，推測在次生成林之前，乃是原住民或人們活動空曠地，而灌木層以下遭受全面清除，筆者認為與此次所謂邊坡植生的工程之施工有關，因為若非近日清除者，林下層草木之復建速率甚快。

第二層以白匏子為優勢，香楠則可能發展為第二期森林的優勢木。

表2、台灣赤楊 優勢社會

Plot No：2　　　　Date：07/28/2001　　　　Place：烏石坑平台
Investigator(s)：楊國禎、王豫煌、陳欣一、陳玉峰
T－1： 　　20～25m　　80%　　　　Exp. & Slope：平坦高位河階
T－2： 　　　12m　　50%　　　　Altitude：850m
S 　 ： 　m（以下全面清除） 　 %　　　15 ×15 ㎡
Microrelief & Soil ：壤土

T-1					T-3			S（以下全面清除）	
5	5	台灣赤楊	3	1	白匏子		香楠		
			1	1	菲律賓饅頭果		水冬瓜		
			1	1	杜虹花		樟葉楓		
			1	1	野桐		江某		
				+	大葉楠		長梗紫麻		
				+	細葉紫珠		牛乳榕		

3. 大葉楠／香楠／黃杞 優勢社會（*Machilus kusanoi* / *Machilus zuihoensis* / *Engelhardia roxburghiana* Dominance-type）

　　歷來植被生態學之處理台灣低海拔闊葉林，殆以模糊的「亞熱帶雨林」指稱，或謂以桑科、樟科等喬木為優勢的森林，事實上，皆因欠缺調查研究的權宜代名詞而已。而陳玉峰（1995）揚棄傳統以海拔分帶的方式處理低海拔闊葉林，僅先以「林區」暫稱，並以社會實體來指認，其中「大葉楠優勢社會」為溪谷或下坡段常見的植群，可確立為單位；而「香楠優勢社會」在地形及基質方面，偏向中、下坡段或平坦地的土壤化育區，且在演替上屬於次生林的第二期森林；相對的，大葉楠則傾向溪谷、岩塊區、東北陰溼型的原始林組成。兩者存有廣闊

的交會帶，時、空皆然。

　　烏石坑調查區的大葉楠及香楠兩單位交混一起，筆者認定係人為干擾與次生演替之所致，故而在此特以「大葉楠／香楠

表4、大葉楠／香楠／黃杞 優勢社會（A）

Plot No：3　　　　Date：07/28/2001　　　Place：烏石坑平台
Investigator(s)：楊國禎、王豫煌、陳欣一、陳玉峰
T－1 ：　　25m　80%
T－2 ：　　　m（再呈現）　　%
S　　 ：　　5m（也有些被清除）　60%
H　　 ：　　m（全面清除）再呈現　%
Exp. & Slope：平坦高位河階
Altitude：850m
　　　　　20 ×20m²　　　　　　　　　Microrelief & Soil ：壤土

		T-1			T-3		H		
1	+	樟樹		+	江某		黑星紫金牛		玉山紫金牛
+	1	大葉楠 (60-80cm)	2	2	杜虹花		廣葉鋸齒雙蓋蕨		細葉複葉耳蕨
1	+	香楠（1株）	2	2	台灣山香圓		山棕		蓬萊藤
1	+	山豬肉	+	1	長葉木薑子		姑婆芋		台灣崖爬藤
	+	無患子	3	2	長梗紫麻		台灣山蘇花		冷清草
	+	九芎		+	樹杞		黃藤		高梁泡
1	+	台灣赤楊		+	風藤		粗毛鱗蓋蕨		玉葉金花
	+	江某		+	菲律賓饅頭果		風藤		腎蕨
1	2	風藤		+	水冬瓜		山黑扁豆		烏斂莓
				+	拓樹		糙莖菝契		猿尾藤
			2	2	糙莖菝契		密毛小毛蕨		毛地膽
		T-2					華他卡藤		柚葉藤
		孟宗竹					紅楠（小苗）		生芽鐵角蕨
							求米草		萊氏線蕨
							石朴		厚殼桂

／黃杞」單位指稱之。

　　表4的樣區中，大葉楠已被當成「危木」伐除！

　　表5位於崩塌地上方平台，亦屬備受干擾區，草本層近遭清除，次生木間雜其內。未來演替傾向香楠單位。

　　西南斜坡亦存有本單位，但已和台灣櫸木優勢社會交會，伴生物種如山菜豆、九芎、九丁榕等，歧異度略高，詳實結構

表5、大葉楠／香楠／黃杞 優勢社會（B）

Plot　No：4　　　　　Date：07/28/2001　　　Place：烏石坑
　Investigator(s)：楊國禎、王豫煌、陳欣一、陳玉峰

T－1：　　25～30m　　80%
T－2：　　　15m　　　50%
S　　：　　　7m　　　50%
Exp. & Slope：平坦高位河階
Altitude：820m
　　　　　25 ×10m²　　　　　Microrelief & Soil：壤土

```
S以下清除
附註：離崩塌地邊緣之灌木（3m）
　　　有三斗柯、無患子、香楠、
　　　山香圓、長葉木薑子。
```

	T-1			T-2			S	
2	1	黃杞（2株）		+	青剛櫟	+	1	酸藤
1	+	阿里山三斗柯		+	九芎	+	1	風藤
1	1	白臼	1	1	酸藤	2	2	台灣山香圓
1	1	魚藤		+	菊花木		+	九丁榕
1	1	黃藤		+	奧氏虎皮楠	1	1	山棕
2	1	山黃麻		+	烏皮九芎	2	2	黃藤
	+	青剛櫟		+	江某		+	崖薑蕨
1	1	大葉楠	1	1	孟宗竹	1	1	長梗紫麻
			2	1	香楠			
			1	1	香葉樹			
				+	水金京			
				+	山豬肉			

表6、大葉楠／香楠／黃杞 優勢社會（C）

Plot No：5 Date：07/28/2001 Place：烏石坑
Investigator(s)：楊國禎、王豫煌、
　　　　　　　　陳欣一、陳玉峰

T－1 ： 25m 60%
T－2 ： 15m 75%
S ： 6m 80%
H ： 1m 90%
Exp. & Slope：S215°W，30～40°
Altitude：780m 20 ×10m²
Microrelief & Soil ：礫石加壤土

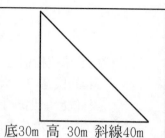

底30m 高 30m 斜線40m

T-1			T-2			S			H		
1	+	無患子	1	+	山豬肉	1	1	台灣山香圓	1	3	冷清草
2	+	台東柿		+	奧氏虎皮楠	2	3	山棕		+	長葉腎蕨
1	1	山菜豆	2	1 1	大葉楠	+	1	巒大雀梅藤	+	1	中國穿鞘花（東稜草）
1	+	賊仔樹	1	1	短尾柯	3	4	菲律賓金狗毛蕨	2	+	咬人貓
	+	串鼻龍（葉有毛，花小）	1	1	廣東山葡萄	1	2	風藤	1 +	3	闊葉樓梯草
1	1	菲律賓饅頭果	1	1	鬼石櫟	+	1	觀音座蓮	+	1	瓦氏鳳尾蕨
	+	黃藤	1	1	江某		+	青牛膽		1	粗毛鱗蓋蕨
1	+	大葉楠	+	1	五掌楠		+	大葉木犀	1	1	黃藤
+	1	櫸木	1	1	台灣山蘇花		+	大輪月桃		+	紫花霍香薊
+	1	廣東山葡萄		+	大黑柄鐵角蕨	1	2	糙莖菝葜		3	橢圓線蕨
	+	廣東油桐	1	1	白匏子		+	佩羅特木		2	茱氏線蕨
	+	九芎	+	1	風藤		+	水金京		+	颱風草
				+	杜英		+	山胡椒		1	九節木
				+	台灣山香圓		+	石朴		+	剌杜蜜
			1	1	崖薑蕨		+	裡白薯蕷		1	三斗柯
			1	1	長葉木薑子		+	山埔姜		+	葛藤
				+	菲律賓饅頭果	+	1	樹杞		+	姑婆芋
			+	1	伊立基藤		+	枴樹藤		+	長尾柯
			1	1	九丁榕	+	1	九節木		1	猿尾藤
				+	鳥皮九芎	+	1	華八仙		1	矢竹
				+	_白_木		+	石苓舅		+	穗花山奈
			1	+	小葉石楠		+	黃杞		+	青芋
				+	三斗柯	+	1	長葉木薑子			
				+	鵝掌藤	+	1	菊花木			
			1	1	青棉花		+	軟毛柿			
							+	天料木			
						+	1	假菝葜			
							+	台灣何首烏			
							+	台灣山桂花			
						1	1	香葉樹			

與組成如表6。

4. 九丁榕 優勢社會（*Ficus nervosa* Dominance-type）

屬於溪谷澗地，巨石陰溼生育地，台灣低海拔地區存有本單位。調查區的局部林分雖以台灣雅楠為領導優勢種，但以全台觀點，在此仍以九丁榕來命名。

依筆者調查經驗，中部低山之本單位夾雜較多五掌楠，本區亦然。茲將林分樣區臚列如表7。

5. 杉木人造林（*Cunninghamia lanceolata* artificial stand）

崩塌地上方，佔據最大面積的植被為人造杉木林，胸徑約在15～35公分之間。由於密植，林下物種及數量較低，以15 × 15平方公尺的樣區為例，除了杉木之外，自生林下植物約存有10～15種，但亦可能係定期除草、撫育的結果。

茲舉3個樣區為例，如表8、表9及表10，作為杉木人造林的說明。

表7、九丁榕 優勢社會

Plot No：9　　Date：07/28/2001　　Place：烏石坑原始林
　Investigator(s)：楊國禎、陳玉峰、王豫煌、陳欣一

T - 1 ：	25m	90%
T - 2 ：	10～20m	30%
S ：	4m	50%
H ：	1m	95%

中間有一條石牆高約1m

$25 \times 20 m^2$

Exp. & Slope：略平坦　　　　　Microrelief & Soil ：石塊加壤土
Altitude：800m

T-1			T-2			H					
3	+	台灣雅楠	2	+	五掌楠	1	1	姑婆芋		+	山羊耳
1	+	山埔姜		+	鵝掌藤	+	1	求米草		+	厚殼桂
1		石朴	1	1	台灣山蘇花	2	3	萊氏線蕨	1	1	橢圓線蕨
2	+	九丁榕		+	山香圓	+	1	大葉楠	+	1	玉山紫金牛
2	+	五掌楠	1	+	石朴	+	2	五掌楠		+	三叉蕨?
1	1	厚殼桂					+	香葉樹		+	中國穿鞘花
	+	黃藤				1	2	台灣崖爬藤		+	魚藤
	+	九芎				+	1	黑星紫金牛	1	2	廣葉鋸齒雙蓋蕨
1	1	山豬肉					+	山棕		+	杜虹花
						+	1	小杜若		+	菴美雙蓋蕨
S						+	1	絞股藍	3	4	冷清草
2	2	山香圓	+	1	條蕨		+	烏來麻		+	九丁榕
+	1	三斗柯		+	大葉楠	1	1	實蕨?		+	沿階草
1	1	五掌楠	1	1	姑婆芋		+	伊立基藤		+	伏石蕨
1		黃藤		+	九節木柳杉	1	2	柚葉藤	1	2	風藤
1	2	柳杉		+	台灣山桂花						
	+	大黑柄鐵角蕨		+	青牛膽						
+	1	山棕		+	過山龍(菊科)						
	+	大葉木犀		+	海金沙						
	+	菲律賓饅頭果		+	樟葉楓						
	+	長葉木薑子		+	普萊氏月桃						
+	1	糙莖菝契		+	穗花山奈						
	+	猿尾藤		+	軟毛柿						
1	2	柚葉藤		+	烏皮九芎						
+	1	台灣山蘇花		+	台灣赤楠						
+	1	玉山紫金牛		+	酸藤						
1	1	長梗紫麻		+	香葉樹						

四—3、從演替觀點論植群復建

　　前述崩塌面殆屬崩積地形的坡面，其在東南坡向的中、上坡段可發育的最終相對穩定的原始林為「台灣櫸木優勢社

表8、杉木人造林（A）

Plot No：6　　　　Date：07/28/2001　　　Place：烏石坑杉木造林地
Investigator(s)：王豫煌、陳欣一、楊國禎、陳玉峰

T－1：　　25～30m　　85%
S　：　　　4m　　30%　　　┌──────────┐
H　：　　　1m　　50%　　　│ S以下被清除 │
　　　　　　　　　　　　　└──────────┘
Exp. & Slope：平坦地　　　　　　　15 ×15m²
Altitude：800m　　　　　　　　　Microrelief & Soil ：壤土

T-1			S			H		
5	5	杉木	1	2	長梗紫麻	2	3	姑婆芋
	+	廣東油桐	1	1	風藤		+	風藤
2	2	風藤	1	2	台灣山香圓	2	3	冷清草
				+	菲律賓饅頭果		+	萊氏線蕨
				+	台灣朴樹		+	黃藤
				+	黑星紫金牛			
				+	江某（砍倒）			

會」；下坡段或溪流旁側的原始林相，殆爲「大葉楠優勢社會」
或「九丁榕優勢社會」。東北坡向偏陰，終極群落就上坡段而
言，仍屬台灣櫸木林；就中、下坡段而論，仍爲大葉楠單位。
因此，邊坡整治的最後目標，即是這些社會單位的達成。

　　至於「台灣赤楊　優勢社會」，筆者傾向視爲原住民的種植
或播子所產生，在此崩塌坡面亦可當作次生林的試驗，但若欲
實施生態綠化，也就是縮短演替成終極群落的時間，則可以不
必經由赤楊林的階段。另一方面，考慮速生效應，則應種植台
灣赤楊。

　　就現有崩塌坡面及旁側較完整林相的觀察，凡是樹木存在

表9、杉木人造林（B）

Plot No：7　Date：07/28/2001　Place：烏石坑杉木造林地
Investigator(s)：王豫煌、陳欣一、楊國禎、陳玉峰
T－1：　　30m　　90%　　　　　Altitude：800m
T－2：　　　m　　　%　　　　　10 ×10m²
S　：　　4m　　25%　　　　　Microrelief & Soil ：壤土
H　：　　1.5m　85%

T-1			S			H		
5	5	杉木		+	台灣芭蕉		+	風藤
2	2	風藤	1	1	山香圓		+	萊氏線蕨
5	1	柚葉藤	1	1	長梗紫麻	1	1	柚葉藤
			2	2	風藤	4	4	冷清草
			1	1	柚葉藤	3	3	姑婆芋
				+	菲律賓饅頭果		+	中國穿鞘花
							+	樹杞（小苗）
							+	菴美雙蓋蕨
							+	廣葉鋸齒雙蓋蕨
								玉山紫金牛

表10、杉木人造林（C）

Plot No：8　　Date：07/28/2001　　Place：烏石坑杉木造林地
Investigator(s)：王豫煌、陳欣一、楊國禎、陳玉峰
T－1：　25～30m　80%　　　　Altitude：800m
S　：　　4m　　20%　　　　　15 ×15m2
H　：　　1.5m　100%　　　　　Microrelief & Soil ：壤土

T-1			S			H					
4	5	杉木	2	2	長梗紫麻	3	3	姑婆芋	+	1	柚葉藤
1	2	風藤	1	1	台灣山香圓	+	1	中國穿鞘花		+	橢圓線蕨
			1	2	風藤	4	5	冷清草	1	1	風藤

處，其上下皆存有植物小群落，且通常樹徑愈大，林帶或草灌木帶愈大。

一斜坡裸露後，次生喬、灌木的種子一旦有機會萌長，即可建立定點據點，發展小長條聚落帶。一般生態教科書敘述，次生演替由草本、灌木至喬木林的刻板發展模式，易於誤導與扭曲自然界的事實，眞實狀況根本沒有一定程序，只因樹木生長慢，草類生長快，夥同其他因素，因而造成形相外觀的「草率」說明之所致。

一坡面的零散木本植物據點拓殖成功後，該木本植物的根系活躍經營，將其生育地從環境的改變、堆積與拉拔其他植物入據，由點而長條，而橫向拓展，再匯聚交織成為植被面，同時，朝上下聯結。樣區調查之層次總覆蓋度，即說明此等空間結構的發展程度。

以圖2剖面約言之，始源據點即上坡段台灣欅木的大樹，中、下段的欅木可視為其後代，或父子、或祖孫二至三代，交互連結與橫向拓展的結果，但921大震時局部抖落。

因此，坡地復育過程通常沒有「危木」的危言聳聽；「危木」的發生，大抵在劇烈立地大破壞之際，樹木根系盤據的土石被切割而孤立，來不及發展新根系的「空窗期」狀況下，崩落的機率才提高。921大震後，崩塌面遺留的樹木，不應不分青紅皂白視為危木，恰好相反，絕大多數今之視為「危木」者，正是邊坡植生、復育或復建的終極目標，不該被伐除。即令眞有「隨時」將下崩的「危木」，必須當場審愼判定，而非由欠缺生態、森林調查的人員隨意下達伐除令。

此外，即令「危木」下崩，依據災區觀察的甚多實例，倒木、樹頭頻常「擱淺」在坡地，形成細土、種子攔截拓殖處，大量次生苗木、少量原生林元素皆在其旁發育、拓展，更且，

倒木緩慢分解的物質，提供次生演替系列的有機物質，俾供循環與再利用，無論物、化條件，皆蒙其利。

就全面效益而言，「危木」觀念不必要，零星特例才予處理。

其次，就點狀拓殖的演替初期解析，種源之外，能否著床的條件，取決於坡度、立地基質微環境之龐雜細小條件、降水沖蝕、種子本身狀況（含生理、形態、萌發條件等）等，目前邊坡處理的打樁編柵，且將坡面整成小梯田或階梯化處置，其效應當然是攔阻、堆聚，問題在於處理與否、如何處理，才是有助於加速完成演替。正反意見或利弊，可列表對比的項目多如牛毛，然而，沒有任何一項可以完全屬於「是非對錯」，或可由客觀實驗來評比論斷，討論易流於各說各話的無意義之爭，根本理由在於，沒有任何兩片崩塌地完全一樣，環境因子變數多到所謂「混沌理論」，因而只能談傾向或機率性原則。贊成加速人為植生者，佔有社會成見及人本偏見的便宜，災難催化下的盲目，正是鼓動人力強力介入的洶湧波濤，期待公家多做工程、多圖利特定族群的有心者，更是處心積慮、強烈助陣。在此泛政治化的社會文化氣氛下，經驗、智慧頻常被視為獨斷的偏執。

無論如何，依據筆者全台長年調查與觀察的演替論斷，下列原則謹提供於政府施業者參考。

1.打樁編柵的確有加速植物著床生長的作用，但植栽內容，應以終極群落的樹種為主要，輔佐以當地次生種子或苗木為佳。

2.任何施業地應研究出當地、不同立地的次生演替模式，或至少接近的系列，從而設計植物種類。

3.編柵之打樁不應使用鋼筋鐵條，應以木樁或最好為活體

樹枝條為佳。先前林務單位慣用單一樹種九芎，宜考慮試用多元、多歧異的適地適種。

4.烏石坑崩塌地應立即應用在地苗圃（附近苗圃已育有大量）的台灣櫸木苗，而非種植外來草種。

5.烏石坑可以或應該栽植的苗木如下。東北向或陰坡可種香楠、台灣赤楊、大葉楠、三斗柯、九丁榕、茄冬等物種；東南坡、中上坡段或陽坡，應大量種植台灣櫸木，輔助以樟葉楓、木蠟樹、紅皮、台灣赤楊、小梗木薑子等。

6.許多地區，所謂土石流之後的崩塌地，其實不必進行任何人為措施，不僅不會再度崩塌，演替成為次生林的速率，通常遠比人為干擾者迅速。台灣過往國有林內諸多崩塌地皆被列為「除地」，也就是不必去進行人為干擾的地區，並無擴大，而有朝松林等次生林、針葉林發展的案例比比皆是。

7.進行人工植生的崩塌地，可以外來育長出的草種，於一、二個月內鋪滿青翠亮麗，甚符合現今台灣的世俗、速食文化，加上一、二次經歷颱風之後，若無大損失，且無明顯崩塌，施業者易於自吹自擂是人工介入之功，事實上，在邏輯、科學、理性的思考上，誰都瞭解其並不為真，建議當局切勿以此「假象」，大舉增列經費，進行好大喜功的魯莽，更勿得了便宜又賣乖。切記，是否復育成功，應以原始林相為標準，最後審判者是大地及自然生界。

五、代結語

筆者認定烏石坑崩塌區係崩積山的再度崩塌，也就是超限利用及9·21地震所震落的正常崩塌。之所以讓當局及社會視為「必須」急於搶救、安定邊坡者，有可能屬於泛政治、特定族群

利益、急表功的現世文化特徵，且是否處理後，有助於加速生態綠化、縮短演替，筆者無法予以肯定。然而，其存有挹注特定「災民」、「在地人」的政治效益，或許可以確定。

在既成事實的施業下，基於社會總體的利益，符合自然生態的在地特徵或條件，本文調查植被樣區，依據演替傾向，提出若干補救建言，聊盡公民天職而已。而當局所謂「生態」、「自然」者，最欠缺的部分，一為植被生態的研究；另一為自然觀念、自然知識的嚴重不足，並非技術問題所可替代，更非一時得以扭轉。

靜宜大學生態學研究所同仁，如楊國禎教授、鐘丁茂教授，以及張豐年醫師等，長期與筆者自動自發調查各地環境問題與議題，尤其張醫師在新近3年來廢寢忘食、狂熱投入保育與環保課題的探究，亦是促成筆者鼓起餘勇，再探今之生態災變的動力，否則，21世紀初的災變、浩劫預警與龐雜問題，筆者早在一、二十年來講盡，包括呂秀蓮副總統於2001年8月3日的移民說。唉！假科學、假中立、假客觀，以及一大票假專家在上下交征利的習氣中，早已喪失知識分子最基本的節操與風骨，筆者不願捲入如今利益纏鬥的漩渦或泥淖，只做可做、該做的研究與建言，必要時，發動社會運動也是必須。

本文無法下達任何肯定結論，但做一項小小記錄。

六、參考文獻

1. 中華水土保持協會，2001。土石流及崩塌地整體治理工作手冊-921重建區土石流及崩塌地源頭緊急水土保持處理計畫資料。
2. 陳玉峰，1985。台灣植被與水土保持，玉山國家公園管理處

出版，恆春。

3.陳玉峰，1987。植生綠化試驗，在游以德主編「台北市內湖掩埋場土地再使用之研究」63-99頁，台北市政府研究發展考核委員會印行。

4.陳玉峰，1990。台灣生界的舞台，社會大學出版社，台北市。

5.陳玉峰，1991a。台灣綠色傳奇，張老師出版社，台北市。

6.陳玉峰，1991b。台灣櫸木（*Zelkova serrata*）的生態研究–以屯子山伐木場為例，玉山生物學報8：125-143。

7.陳玉峰，1992。人與自然的對決，晨星出版社，台中市。

8.陳玉峰，1994。土地的苦戀，晨星出版社，台中市。

9.陳玉峰，1996a。展讀大坑天書，台灣地球日出版社，台北市。

10.陳玉峰，1996b。生態台灣，晨星出版社，台中市。

11.陳玉峰，1997a。人文與生態，前衛出版社，台北市。

12.陳玉峰，1997b。台灣生態悲歌，前衛出版社，台北市。

13.陳玉峰，1997c。台灣生態史話15講，前衛出版社，台北市。

14.陳玉峰，1998。嚴土熟生，興隆精舍暨台灣生態研究中心印行。

15.陳玉峰，1999。全國搶救棲蘭檜木林運動誌（上），高雄市愛智圖書公司出版。

16.陳玉峰，2000a。自然印象與教育哲思，前衛出版社，台北市。

17.陳玉峰，2000b。台灣山林與文化反思，前衛出版社，台北市。

18.陳玉峰，2000c。土地倫理與921大震，前衛出版社，台北

市。

19.陳玉峰，2001。告別世紀，前衛出版社，台北市。

20.陳玉峰、黃增泉，1986。南仁山之植被分析，台灣省立博物
　　館年刊9：189-258。

【第二部分】

李根政、楊俊朗
文輯

一

民主進步黨將成為台灣天然林「新的劊子手」

禁伐令鬆綁！
天然林不保！

文

李根政

2001

2001 年桃芝等一連串風災後，行政院高唱「用樹根牢牢抓住台灣的土地」，農委會更發起一人一樹，呼籲大眾捐款，種樹救台灣。

而民間則呼籲檢討歷來錯誤的山林政策，發起了「一人一信救森林保家園」行動。訴請總統正視「立法全面禁伐天然林」等六項訴求！

11 月 4 日農委會陳希煌主委於黑面琵鷺博覽會中親自簽署支持「一人一信救森林保家園」的六項訴求。

同時，11 月 23 日農委會正式函文給全國教師會，聲稱「全面禁伐天然林」的政策未改；並且宣稱在廣設自然保護區後，天然林已獲實質立法保障。

然而，弔詭的是：早在今年 10 月 30 日，農委會召開了跨部會協商會議，將 1991 年頒布的台灣森林經營管理方案第八條的「全面禁伐天然林」，將改為「原則禁伐天然林」。同時

將伐區面積也從「每一伐區皆伐面積不得超過五公頃。」修正為「每一伐區皆伐面積以不超過五公頃為原則。」推翻了維持十年的禁伐令。

在國土災難頻仍之際，官方一面喊種樹，另一方面卻圖謀砍伐天然林，令人憤慨！

事實上，儘管官方於 1991 年頒布禁伐天然林之行政命令，然而，長期以來，林業相關單位還是以「試驗」、「研究」之名，砍伐天然林，1998 年民間所揭發─退輔會在棲蘭山進行「枯立倒木」作業即是一例。如今，沒有全面禁伐令，林業單位更可以明目張膽砍伐天然林！

更且，這次修正條文中，增列之例外條款：「國有林林產物處分規則第十二條　林產物有下列情形之一，得專案核准採取：一、管理經營機關經營林業自用者。二、林業試驗研究自用者。…」這些無異是自肥條款。

這是標準的「只許州官放火，不許百姓點燈」，此案若經行政院通過，所有林業機關就可以大大方方砍伐天然林了。

數萬人寫信給陳總統，迄今未獲總統任何回應！

11 月 9 日起，民間發起了一人一信救森林保家園運動。一個月後的今天，明信片被索取的數量將近十萬封，初估阿扁總統至少已收到數萬張以上的郵件，然而關心台灣山林的人民沒有收到一封總統的回函，極不尊重民意，令人失望。

加上全面禁伐令的鬆綁，如果經行政院通過，將是新政府

上台以來，最大的環境醜聞，在國土災難不斷加劇情形下，此修正案與國家利益相左，同時完全違反民意，將摧毀政府自風災以來的種種承諾，與國民之信賴。

民主進步黨將成為「台灣天然林」新的劊子手。

我們強烈要求總統府及行政院立即針對以下要求具體回應：

一、請行政院立即駁回「台灣森林經營管理方案」修正案。同時邀請民間團體共同檢討此一方案。

二、此事件更凸顯民間所提「立法禁伐天然林」之重要，籲請行政院在第五屆立法院第一次院會提出「禁伐天然林」之法案。

三、撤查主導黑箱作業之伐木派官員，立即嚴辦。

四、請陳水扁總統回應參與「一人一信森林保家園」行動中，人民的心聲。

如果政府未正視此一課題，我們將請求參與「一人一信救森林保家園」連署的現任立委，杯葛相關預算。同時我們將訴請全民再寫信提醒陳總統正視此一國土保安的根本課題。不要等風災來了，再給人民「用樹根牢牢抓住台灣土地」等虛幻的承諾！

後記：

2001 年民間發起的一人一信救森林保家園行動，加上反對禁伐令鬆綁的記者會後，農委會迫於壓力乃收回成命，仍舊維持台灣森林經營管理方案第八條的「全面禁伐天然林」的禁

伐令。

作者／地球公民基金會執行長，2001年時任全國教師會
生態教育委員會召集人

⬆ 2001 年 12 月 14 日，「禁伐令鬆綁，天然林不保」記者會後合影，左起為阿
棟‧優帕斯牧師、廖本全副教授、林益仁助理教授、李根政、張豐年醫師、陳
曼麗董事長、徐光蓉教授以及其他三位志工。(廖明睿攝)

伐木、整地、種小苗

揭露「全民造林運動」三部曲

文

李根政

2002

↑ 2002 年 3 月 22 日大漢林道檢查哨

緣起：

　　1996 年賀伯災變後，政府提出全民造林運動綱領 (如附錄) 以因應國土的災難，為號召全國民眾推行造林，依據運動綱領第七點訂定了「獎勵造林實施要點」，以一公頃 20 年發給 53 萬之獎勵制度，在全台各地展開了「全民造林」的運動，截至 2001 年為止，已造林超過 27000 公頃。

　　根據農委會頒布的「獎勵造林樹種及每公頃標準栽植株數表」，可以看出全民造林是採「經濟造林」之方式，植單一人工林，還設定輪伐期，如柳杉 20 年、肖楠 50 年、扁柏 60 年、桉樹 20 年等…，意即種樹的目的是為了將來可以再砍樹，根本與國土保安無關。

　　此一政策自推出以來，陳玉峰教授即提出預警式之批判：「台灣林務人士長期扭曲生態道理，完全站在人類唯用主義，視林地為經濟搖籃的近利觀下，我們懷疑這波造林運動是否將墮入造新孽的危機。」(聯合報，1996.8.24)

　　2002 年 3 月 23 日，筆者時任高雄市教師會生態教育中心主任，辦理浸水營古道生態研習，由靜宜大學生態學研究所楊國禎教授帶領，至大漢林道檢查哨時，發現檢查哨門口左前方有一片森林遭全面皆伐，而且放火燒山，與檢查哨前「保護森林、預防火災」紅底白字的旗子形成強烈的對比。經訪談檢查哨的警察後，確認這個林地是全民造林林地，警察先生解釋，這一切程序都合法，還特別強調，燒了之後土地才有養份，樹才長得好，不燒根本無法造林。當下，我們終於了解什麼是「造林」？

　　2002 年三、四月間，雨季來臨前，我們繼續調查了另外二個造林案件，完整的拼出造林的真實面貌，從而開啟了「民

間反全民造林運動」，透過一系列的調查及行動，經過三年的努力，終於扭轉了這項錯誤的政策。 以下是三個造林個案的勘查說明。

一、屏東縣大漢林道檢查哨前林地

前述，2002 年 3 月 23 日中午，筆者和楊國禎教授偕同高雄市教師會生態教育中心一行人，發現檢查哨門口左前方有一焦黑之林地，當時初估面積約 3 公頃，坡度在 40～50 度之間。

↑2002 年 3 月大漢林道

　　從現場狀況研判，應是將以相思樹為主的森林全面皆伐後，再經整地，放火燒山所遺痕跡。在一片焦黑的土地上，看到直徑約 20 公分的相思樹頭，以及殘存的雀榕，而旁邊就是尚未破壞過的林地，主要是相思樹林，未發現造林木。

　　檢查哨的警察先生表示：一切程序都合法，春日鄉一年由農委會分配的造林面積約 30 公頃，林農向鄉公所申請砍伐後，領到搬運證，將砍伐木材搬運後由鄉公所的技士簽證，然後向消防局申請整地，放火燒山。

　　本案經監察院調查，揭露了相關申請文件：

　　1. 依據 90 屏府原產字第 170174 號函 (發文對象為春日鄉公所)，伐採林地之地段為春日鄉歸崇段 632 號原住民保留地，所有人為黃○○先生，全筆面積 3.373 公頃，准予伐採 3 公頃，立木材積—相思樹薪材 76.33 立方公尺，雜木薪材 6.54 立方公尺，合計立木材積 82.87 立方公尺，採運期限自 90 年 10 月 20 日至 90 年 12 月 18 日，合計六十天。

　　另本函中關於伐採相關規定有：1. 採伐搬運及林木查驗放行應通知承採人確依「國有林林產物處分規則」及「林產物伐採查驗規則」等有關規定辦理外，並請貴所隨時派員巡界，如發現非法情事應依法查報本府。2. 採伐地內自植林木依規定不予分收。採伐作業後該筆林地地上權登記及跡地之利用，請確實依照原住民保留地開發管理辦法規定及所送跡地利用計畫書辦理 (採伐地內天然生林木計6.54立方公尺，經核定林木價金2,338元整，請貴所轉知承採人繳清價款後始得轉發採伐許可證)。3. 承採人界內補修運材林道長 230 公尺，寬 3.5 公尺，界外補修運材林道長 300 公尺，3.5 公尺 (*應為寬度，漏寫)，於採伐後跡地應實施復舊造林 (含施設排水溝、邊坡、崩塌地棄置危石及樹枝掉落等安全處理)，均准予

依照所送水土保持計劃及貴所水土保持勘查報告所擬處理意見辦理，林木砍伐後，如需整地，請轉知承採人確依水土保持處理與維護規定提出申請，並依技術規範施作並不得任意變更、擅自新設或拓寬林道及挖取根株，如有違誤，將依水土保持法查處。4. 歸崇段 632 號與 632 號之 1 間伐採地，應設立 10 公尺寬之保護帶，不得伐採。

2. 依據 90 屏府原產字第 170185 號函，伐採之林地為春日鄉歸崇段 632-1 號原住民保留地，准予伐採全筆面積 0.5650 公頃，立木材積—相思樹薪材 13.42 立方公尺，採運期限自 90 年 10 月 20 日至 90 年 12 月 18 日，合計六十天。其伐採規定除「承採人界內補修林道長 50 公尺，寬 3.5 公尺」外，其他與 90 屏府原產字第 170174 號函同。

3. 關於放火燒山，依據屏東縣消防局第三大隊枋寮消防隊山林田野引火燃燒申請書，枋消字第 001 號，申請日期為 2002 年 3 月 20 日，地點為新開大漢山路段，檢查哨旁，引火事由為整地，引火時間為 3 月 20 日 13 時起至 18 時止。

二、屏東縣保力林場前林地

2002 年 3 月 27 日，筆者根據屏東縣民來電指出，屏東縣車城鄉保力林場前，有林農申請造林木十萬棵，以每公頃 2000 棵計算，估計造林面積約為 50 公頃 (與官方資訊頗有出入)，造林地坡度在 30～50 度之間，海拔約 200 公尺。

從砍伐、火燒後，殘存樹木，以及地上為數眾多的小苗判斷，原林地應為相思樹、黃荊、克蘭樹之優勢社會次生林，樹齡約 30 年。林地上殘存較大的喬木樹頭計有無患子直徑約 20

↑造林樹種‧直幹(耳莢)相思樹

公分，克蘭樹直徑約 30～40 公分，以及 10～30 公分不等的相
思樹樹頭。在樹種方面，喬木以相思樹、黃荊、克蘭樹、過山
香最為優勢；銀合歡、恆春厚殼樹量較少；屬灌木層的植物有
烏柑仔、多花油柑、檀香等，量甚多，小刺山柑、山柚、月
橘、小葉桑、月桃、小紅珠仔量較少。屬藤本植物的計有羊角
藤、腺果藤、盤龍木、菜欒藤等；底層草本則有印度鱗球花
(本植物原為森林底層之植物)而新生之小苗 (30公分以下)，如不經人為
干預、破壞，次生林應在幾年內可以形成。喬木計有血桐、蟲
屎 (極優勢)、粗糠柴、苦楝等；灌木計有食茱萸、野棉花、假
黃麻等；草本計有磨盤草、金午時花、賽葵、長穗木、馬櫻
丹、艾納香等；藤本計有毛西番蓮量甚多，三角葉西番蓮、盒
果藤、野牽牛、金腰箭等。

　另造林樹種，為直幹相思樹、茄苳，以植株甚小判斷，應
是今年的造林木。

總之，此造林地為恆春半島典型之旱地，然伐木後所造之樹種為外來園藝種之直幹相思樹，以及大都生長於較潮溼之溪谷地形之茄苳樹，非適地適種之植物。

而在現地地況方面，由於山坡上有大小不同的岩石，受地形之特性，伐木以重機械進行，閃過岩石，因此地表上保留有少數成排狀的稀疏林木，大抵為黃荊、相思樹、克蘭樹等…；所伐木之較大徑木已運離，現場遺留大都為較小直徑之黃荊等樹木，被堆積在侵蝕溝內，然後放火燒掉，地上可見一片片焦黑的土地和樹幹、樹頭。

本案亦經監察院調查，揭露了相關申請文件：

（一）依據 90 屏府農林字第 91797 號函內，本林地之地段、地號為車城鄉保力段竹社小段 382 號；林地屬台灣省國有林出租造林地；林農為林○○先生。核准伐採面積為 4.9321 公頃；材積 265.11 立方公尺；採運期間自 92 年 6 月 26 日至 90 年 9 月 25 日，合計三個月。另外公文內之相關規定為：承採林內不得以重機具整地，伐採林木後，不得挖取根部，並應儘速造林。搬運林木應使用既有林道，不得拓寬及新設，並應作好水土保持處理及維護工作，以維護林地安全。該案，林產物政府分收償金為 185 元。

其採運許可證所登錄之材積內容如下表，單位為立方公尺。

伐採樹種	伐採數	處分材積	搬出利用材積
相思樹(薪材)	9592	155.59	155.59
相思樹(用材)	523	31.38	21.97
相思樹(枝梢材)	(523)	(31.38)	7.22
雜木(薪木)	4244	80.33	80.33
合計	14,359	267.30	265.11

（二）依據 90 屏府農林字第 138047 號函，本林地之地段為車城鄉保力段竹社小段 383 號；林地屬台灣省國有林出租造林地；林農為林○○先生。核准伐採面積 4.9820 公頃，材積 287.14 立方公尺，採運期間自 90 年 8 月 31 日至 90 年 11 月 1 日止，合計二個月。其相關規定與前同 (91797號函)。同時，亦註明了該案林產物政府分收償金為 1,055 元。而採運許可證所登錄之材積內容如下表，單位為立方公尺。

伐採樹種	伐採數	處分材積	搬出利用材積
相思樹(薪材)	1042	168.78	168.78
相思樹(用材)	562	33.72	23.60
相思樹(枝梢材)	(562)	(33.72)	7.76
雜木(薪木)	4606	87.00	87.00
合計	15,570	289.50	287.14

三、屏東縣三地門鄉德文林地

2002 年 4 月 18 日下午，民間接獲屏東縣民來電指出，三地門鄉過霧台檢查哨不遠處有一正在伐木的林地，由於從高雄出發至現場尚有一段路程，到達時應是傍晚，因而隔日早上前往 (2002年4月19日)，其確切地點位於屏東縣三地門鄉，沿台 24 線，行經三地門過霧台的檢查哨，往德文的方向 4.5 公里處，緊臨道路左側。海拔高度約 600 公尺，位於北隘寮溪流域，為一原住民保留地，坡度在 40～70 度之間，面積不詳。

經與周邊現存之植被對照，本區未砍伐前應為樹齡約 30 年的相思樹造林，樹徑從 20～40 公分之間，樹高約 20 公尺，

↑ 德文造林地（柯耀源先生）

↑ 德文造林地

林下為造林後自然生長之原生灌木。

其砍伐方式是全面皆伐，地表完全裸露，僅存直徑 20～40 公分之樹頭； 造林樹種不詳。

小結：

根據造林現場的勘查，筆者歸結出「全民造林三部曲」，其步驟如下。

1. 全面皆伐原生、次生或造林植被。 屏東縣保力林場、大漢林道、德文等地，為實施全民造林，將樹齡約 30 年左右的次生林、相思樹林，全數砍除！而根據了解，這樣的造林方式為全台普遍現象。

2. 放火燒山、引火整地。 據屏東縣大漢林道檢查哨的警察先生及林農表示：包括砍伐、燒山等程序一切合法，都經鄉公所農業局及消防局核可，還特別強調，燒了之後土地才有養份，樹才長得好，不燒根本無法造林。

3. 種植林務單位分配之苗木。 農政單位規定的樹種僅有 54 種，其中還包括 22 種外來種，因此常常水土不服，造林存活率極低！凸顯農政單位所稱造林採「適地適種」是一派胡言，欺騙人民。

以上步驟皆以「砍伐現有植被，種上政府指定的小苗」，為領取獎勵金之前題，因此再大的樹也必需砍除殆盡。這項政策等同於政府以政策鼓勵人民砍伐森林，嚴重破壞水土保持。

造林地原始狀態，一筆濫帳

農委會曾於八十九年七、八月間進行「全民造林」執行成效查證，根據查證委員台灣大學農經系吳珮瑛教授於自由時報投書表示：「我們查證委員根本無從得知，在該計畫執行的前三個年度裡，列冊造林撫育的二萬多公頃林地中，到底原本的使用狀況為何；也就是說，林務單位根本無法掌握在計劃執行後，究竟有多少林木是栽種於芒草空曠地、種植檳榔果樹地、或是取締濫墾而來的超限利用地，又有多少林木只不過是『以小樹換大樹』的林相變裝罷了。」

賀伯災變之肇因，相關單位皆直指「山地濫墾，林地違

規、超限利用」，然而以 1997 年～2002 年為例，**取締林地違規使用及山坡地超限利用之面積僅 1,822.86 公頃**，設若這一千多公頃全數完成造林，其比例僅是全民造林總面積之 6%。也就是說，全民造林實施的地點，可能多數是「先伐木再造林」的土地。以九十年屏東縣為例，全民造林的面積是 307.94 公頃，砍伐的面積是 145.7003 公頃，也就是伐木再造林的比例約為 47.3%，占很高的比例。查證委員的質疑，更凸顯了全民造林對造林跡地的了解是一筆濫帳。

表一：全民造林面積、取締林地違規使用及山坡地超限利用面積對照表

年度	1997	1998	1999	2000	2001	2002	總計
造林面積 (公頃)	5008.28	5101.86	6731.36	4443.41	5793.98	4873.18	29951.07 公頃
取締林地違規使用及山坡地超限利用面積	491	約400	481	79.86	68	303	1,822.86 公頃

資料來源／造林面積：王義仲、林靜宜，2002；王義仲，2004。
　　　　　取締林地違規使用及山坡地超限利用面積：農委會公告、農委會 90 年、91 年、92 年度預算書。

適地適種的謊言

　　林務單位不斷聲稱造林採「適地適種」，而實際上是欺上瞞下，與現況完全不符。因為所有林地在造林前，從未進行造林跡地原生林木的調查，便以林務單位現有苗木逕行分配種植，例如八十六年時部分林地，即是砍掉原生林，種上外來種

木麻黃；近幾年則是種桉樹、土芒果、肯氏南洋杉或是外來改良過的樟樹。即造林樹種為本土種，然而將西部的樹種種到東部、溪谷型植物種到旱地所在多有，等同於在各地種「本土的外來種」。況且，全台維管束植物超過 4000 種，然林務機構所提供之樹種僅 54 種 (含22種外來種)，以全台地理生態之高度岐異，試問這麼少的樹種，如何適地適種？而根據今年保力林場旁全民造林地的證據顯示，造林前即是先將相思樹、黃荊、克蘭樹優勢社會之原生林砍除，然後種上外來種的直幹相思樹，以及不適地的茄冬樹。

誰受益，誰受害？

　　全民造林運動自 1997 年至 2001 年已編列達 **97 億 7,047 萬元**，2002 年度則編列了 18 億 1,190 萬元，累計已超過百億以上，然而這項無助於國土保安的政策，到底誰受益呢？根據 91 年度農委會全民造林的預算內容 (註1)，除卻獎勵金外，其他費用都是退輔會、台大、興大、文大等林業機構，以及七星環境綠化基金會、中華林學會、社團法人中華造林事業協會、中華民國環境綠化協會等林業團體壟斷；而在基層，林農在造林後必需付出相當多的勞力從事砍草等工作，所得不及基本工資。

　　而最荒謬的是：長期以來土石流最嚴重的地區在中部，而全民造林所造之地點卻遍及全台，也就是說政府從未針對災變地區的問題，進行深入的探討，以擬定興革之政策；卻在每次災變後，以加強造林來欺騙人民，延誤政策改革的良機。

作者／地球公民基金會執行長，時任高雄市教師會生態教育中心主任

三 2002年，反全民造林第一波行動及成果

林盛豐主導，造林面積減半

文

李根政

2002

　　全民造林運動從策劃到執行所產生的弊病，凸顯了落伍的台灣林業經營體系，與國土保安、生態保育的嚴重衝突。

　　為了促請政府停止這項政策，民間團體於 2002 年 5 月 2 日，在台北召開記者會揭露了全民造林運動三部曲「伐木、整地、種小苗」，5 月 3 日則由立法院永續會陳學聖、曹啟鴻立委主持，召開公聽會與林政官員當面對話，由於媒體效應不佳，於是 5 月 13 日在高雄又召開記者會，向社會大眾揭發全民造林運動的真相。

　　5 月 3 日的公聽會上，農委會林政官員和森林系專家學者的說法如下：森林科科長李遠欽等人表示：每個人都要用到木材，因此砍樹再造林是正當的，伐木後再造林對水土保持影響不大；文化大學森林系系主任王義仲、林試所吳俊賢等人認為老年齡生長速率減緩，新造林生長速率高，相較之下新造林可吸收較多之二氧化碳，因此，砍樹再造新林，可解決台灣二氧

化碳的排放過量之問題（即交換碳稅之概念）。而林務局黃裕星局長辯稱：這些林地，如進行林地分類，「可能」皆屬經濟林地！簡而言之：全民造林政策是民間、基層公務員、林農皆曰不可，唯中央農政單位一意孤行之政策。這些說法，暴露了林業官員及學者數十年的伐木營林思維，致令全民造林政策一開始就走錯方向！

　　5月14日，在新聞媒體報導後，各地林農見證者紛紛來電，直陳當地全民造林之惡，痛心地質問政府：「原生林有何罪，非得置之死地不可！」由此可見，此政策累積民怨之深。而民間多次訪談基層承辦人員，都承認砍樹再造林是普遍的作法，更全數直指此一政策需全面檢討，甚至，5月3日的公聽會中，農委會在面對民間的指控時，也未否認這是事實。然而，諷刺的是，屏東縣農業局長黃振龍辯稱「絕無砍樹再種樹之事」，公然向社會大眾說謊。

　　這一波行動中，最關鍵的會議是2002年6月13日，農委會召開的「造林政策座談會」。由林盛豐政務委員主持。林業處提出全民造林運動書面報告，回應民間團體之批評。其中針對先砍既有原生、次生林再造林，林業處回應：「…依現行規定，新植造林時如造林地上已有部分天然下種之林木，可與造林木一併撫育成林，檢測成活率時與造林木併計成活率，因此不必為檢查成活率而將之砍除。惟部分次生林，有形質欠佳或生長不良者，應予以砍除，以建造更理想的森林。然將較大的次生林砍除，再種較小的造林木，短期內似有不利於水源涵養及國土保安之虞，但長遠觀之，成林後的造林地，因林木生長旺盛，林木蓄積逐年增加，其吸收二氧化碳、緩和溫室效應等公益功能，將遠超過生長不良的次生林。美國俄勒岡州即一直進行砍除赤楊次生林再種花旗松的工作；而澳洲亦將桉樹次生

林砍除，再種植肯氏南洋杉、濕地松、放射松等，且均有很好的造林成果。」

　　民間團體於會場與林業處森林科科長李遠欽、台大農經系教授林國慶、森林系教授王亞男、中興大學教授呂金城等進行辯論。

　　本次會議之結論為：1. 現階段台灣森林經營目標應以自然保育、維護生物多樣性、國土保安為主；建立國有林地理資訊系統資料庫，完成林地分級分區作業，據以擬訂國家森林經營計劃。2. 基於國內林木安全蓄積量及降低生產成本之考量，經濟林應朝平地造林方向發展，並適度調降國有林內林木經營區之面積及比率。3. 林務局應於今 (2002) 年完成國公有放租地全面清查工作，並依據是否位於土石流危險區、主要水庫集水區、重要河川兩側或違規、違約超限利用影響公益安全等因素，擬訂收回計畫及排定優先順序。4.2003 年度預算應隨林業政策之調整而修正，工作內容及預算應充分反映政策成效。**5.「全民造林運動」政策應有優先次序，九十三年度應調整修正工作內容及預算，新植面積應減半**，並將相關經費移為辦理國有林租地造林回收計劃，並審慎選擇造林地點，在確有必要之地區內造林。(2002年6月26日農林字第0910030497號函)

　　然而第 5 項結論明顯與當天主持人**林盛豐政務委員之結論：「請農委會研提二案，一案為縮小規模一半、另一案為全停，簽請院長裁決，原預算轉移為收回承租林地。」**有所出入，經筆者去函要求更正，其回應略為：「為避免影響已公告之計畫執行，本案前已呈報林政務委員盛豐同意 2003 年度全民造林運動仍維持原新植面積以為支應，而自 2004 年度起新植面積減半。」

　　也就是說，民間團體一連串的行動，喚起了行政院林盛豐

政務委員的正視，而其成果是縮減了造林面積，然而，砍大樹、種小樹的錯誤政策仍然持續。

註1：91 年度經費，其中撥充造林基金辦理獎勵造林等相關工作經費 10 億；補助行政院退輔會、原住民委員會、臺糖公司、臺大與興大實驗林區管理處暨各縣市政府等單位，辦理造林、育苗宣導、取締及檢測等相關工作經費 7 億 7620 萬；捐助七星環境綠化基金會 100 萬、中華林學會 450 萬元、社團法人中華造林事業協會 2,190 萬元、中華民國環境綠化協會 700 萬元、私立中國文化大學 130 萬元，辦理育苗、綠化及宣導等相關工作 3570 萬，共計 18 億 1190 萬元。(資料來源：農委會九十一年度預算書)

附錄 1. 2002年護林行動記事

2002 年 3 月 23 日，高雄教師會生態教育中心辦理浸水營古道生態研習，楊國禎、李根政等一行人於大漢林道檢查哨前發現伐木、引火整地之林地，作成紀錄。

2002 年 3 月 27 日，高雄教師會生態教育中心接獲屏東縣民來電，指稱保力林道旁有一大規模伐木造林地，李根政、柯耀源前往調查，作成紀錄，該林地已伐木、整地，完成造林，種植的苗木為耳莢相思樹。

2002 年 4 月 1 日，行政院由林盛豐主持，邀請民間團體、媒體記者召開「綠色台灣植樹造林座談會」。本次會議為因應行政院長游錫堃指示明年 (2003) 研究改進植樹節令問題及擴大植樹、護樹行動。民間團體出席者有全國教師會生態教育委員會李根政、台灣生態研究中心鐘丁茂、台杏文教基金會張豐年、台南環盟陳椒華、棲蘭檜木國家公園催生聯盟田秋堇、東港溪保育協會黃麗霞提出立法永久禁伐天然林；退輔會全面退出山林，全國林地管理一元化，原住民參與經營管理；保護棲蘭檜木林，設置「馬告 (棲蘭) 檜木國家公園」；將全國山地分為「保育地」、「經濟地」兩大系統；停止破壞土地復原生機的「山坡地整治」、假「生態工法」與「全民造林」工程；請政府將每年治山防洪的

經費，移轉為收購承租林地，讓租地造林成為歷史名詞等六大訴求。

本次會議結論為：1. 請林務局黃局長就李召集人根政所提保育團體共同主張之六大訴求，提出具體書面回應資料，並與保育團體進行溝通，保育團體之聯絡人請李召集人擔任。2. 院長指示辦理植樹月活動及行道樹普查、訂定行道樹栽植規範案，請林務局速將詳細規劃草案送保育團體參考。必要時，本院可成立專案小組，每二星期密集會商一次。

另行政院林盛豐政務委員邀請李根政擔任「綠色台灣植樹造林」專案小組之委員，為其拒絕。

2002 年 4 月 19 日，李根政、柯耀源、林岱瑾等人前往屏東縣三地門—德文造林地進行調查，該林地為前一日 (4月18日) 砍伐，現場尚遺有部分木材。本資訊亦為屏東縣民所提供。

2002 年 5 月 2 日，全國教師會生態教育委員會、靜宜大學生態學研究所、看守台灣協會、台北大學地政服務社、棲蘭檜木國家公園催生聯盟、高雄市教師會生態教育中心等民間團體在台大校友會館舉辦「全台山區競相砍樹—上演全民造林運動三部曲」記者會。公布全民造林林地調查之結果，呼籲政府立即停止全民造林運動，並全盤檢討缺失。

2002 年 5 月 3 日，立法院永續發展促進會、全國教師會生態教育委員會在立法院召開「全民造林還是全民砍樹？」公聽會，由陳學聖、曹啟鴻委員共同主持。

2002 年 5 月 13 日，全國教師會生態教育委員會、高雄市教師會生態教育中心在高雄再度聯合宜蘭之棲蘭檜木國家公園催生聯盟同步舉辦「全台山區競相砍樹—上演全民造林運動三部曲」記者會。公布全民造林林地調查之結果，呼籲政府立即停止全民造林運動，並全盤檢討缺失。

2002 年 5 月 18 日，農委會函文中華民國全國教師會，回覆有關「土地公比人會種樹— 2002 年植樹節請願書」中停止全民造林之訴

求，宣稱：全民造林計畫，是本會報奉行政院核定辦理之長期造林獎勵政策，若遽然停辦，可能涉及造林人獎勵金未能按時核發之困境。至於相關執行上之缺失，將可透過講習訓練，予以避免。

2002 年 5 月 22 日，行政院林盛豐政務委員簽呈行政院長、副院長。主旨為：為民間保育團體多次反映政府獎勵造林政策執行偏差，應予全面檢討乙案，籲請鑑核。說明：一、根據全國教師會生態教育委員會召集人李根政來函（附件）指出，本院農委會為達成國土保安、涵養水源，早於八十五年即訂頒「獎勵造林實施要點」，補助私人造林，惟此一立意良好之政策，於執行多年後，卻遭致外界諸多批評，主要包括：1. 林農為申請補助造林，先砍伐既有原生林。2. 造林完成後，因無獎勵金，林農仍將砍伐出售。3. 補助造林地點是否有助於國土保安、水源涵養，缺乏事後監督。4. 保護區內應讓本土物種自行生長演替，不必人工干預等項。上述批評多次見諸中國時報、自由時報等傳播媒體，影響政府施政形象。二、另職前依鈞長有關辦理明年植樹節推動百萬人種百萬棵樹活動指示，業經成立「植樹造林」專案小組，於多次會議中，民間團體及林農代表對農委會前揭政策表達強烈反對意見，並表示終止該政策之效果將大於百萬人種百萬棵樹活動之效益，若該政策不儘速終止，將有生態團體會進行抗爭。林盛豐政務委員向行政院提議：建請由本院農委會儘速就前述意見進行清查檢討。如確有民間團體所稱之情形，應速謀改善之策。

2002 年 6 月 12 日，農委會召開「研商獎勵造林相關事宜會議」。討項六項議案，1. 依林農意願，由政府購回二十年生以上之租地林林和租約權，俾利年邁林農安養天年。2. 請提高國、公有林租地造林獎勵金額，使之與私有地造林獎勵相同。3. 請「禁伐」已屆伐期之二十年生以上租地造林木，裨益國家社會，並補貼林農。4. 請延長獎勵造林獎勵年限，以嘉惠林農。5. 請針對民國八十五年開始的獎勵造林前，已栽植成林達二十年生以上者，發給撫育獎勵費。6. 請修正獎勵造林實施要點，以利工作推行。＊民間團體未與會。

2002 年 6 月 13 日，農委會召開「造林政策座談會」，由林盛豐主持。林業處提出全民造林運動書面報告，回應民間團體之批評。民間團體於會場與林業處森林科科長李遠欽、台大農經系教授林國慶、森林系教授王亞男、中興大學教授呂金城等進行辯論。會中，**林政務委員盛豐原口頭結論為：「請農委會研提二案，一案為縮小規模一半、另一案為全停，簽請院長裁決，原預算轉移為收回承租林地。」然而，會議紀錄文本改為「全民造林運動」政策應有優先次序，九十三年度應調整修正工作內容及預算，新植面積應減半，**並將相關經費移為辦理國有林租地造林回收計劃，並審慎選擇造林地點，在確有必要之地區內造林。(2002年6月26日農林字第0910030497號函)，經李根政去函要求更正，其回應文略謂：為避免影響已公告之計畫執行，本案前已呈報林政務委員盛豐同意九十二年度全民造林運動仍維持原新植面積以為支應，而自九十三年度起新植面積減半。

2002 年 8 月 9 日，監察委員陳進利、林時機針對屏東縣政府有關伐木造林及引火整地之缺失主動進行調查。其行程安排為先至南台灣大飯店，聽取農委會 (森林科長李遠欽)、屏東縣政府之簡報、進行詢答，然後再至屏東進行保力林場、大漢林道等全民造林林地現勘。高雄市教師會生態教育中心成員至現場要求旁聽，為屏東縣政府農業局阻撓，後經與監察委員交涉，僅獲准進入旁聽簡報，至於詢答等行程則未獲許可參與。

2002 年 9 月 30 日，行政院農業委員會公告修定之「獎勵造林實施要點」(農林字第0910030546號)，其中最主要的修正為第十條中之獎勵造林樹種及每公頃栽植株數表。將原本之木類 54 種、竹類 5 種，修正為海岸造林，種植於沿海地區之土地，木類計 29 種、竹類 4 種；木材利用及景觀造林，種植於一般林地及農牧用地，木類計 40 種、竹類 5 種；種植於保安林地之木類 25 種、竹類 4 種。

2002 年 10 月 2 日，監察院財政及經濟、內政及少數民族二委員會聯席會議透過並公布林時機、林將財委會所提糾正屏東縣政府案。案由

為：「屏東縣政府未依法查察林地砍伐作業，應否辦理環境影響評估，即草率擅予核發採運許可證，對於轄內大漢林道引火整地之核准程序，亦失之草率；復於本案經媒體揭露近一個月及迨本院進行調查後，該府始至現場勘查，與森林法相關規定有違，洵未依法行政，行事消極怠慢。」

2002 年 10 月 2 日，屏東縣政府針對監察院之糾正，坦承在核定時內部有所疏失，但也強調造林政策有必要修正；同時表示，該地為原住民保留地，經原住民行政局、農業局核准，查驗後再依獎勵造林方式申請造林撥發苗木，皆依據森林法等相關規定進行，大漢林道引火整地為黃姓人士依規定進行伐木，伐木後也向消防局申請山林田野引火燃燒許可書，其疏失在於引火時應該通知附近的林農及縣府相關單位到場，但全案就少了這個程序。(2002年10月3日，自由時報7版)

2002 年 12 月 6 日，因應監察院之糾正及疑義，農委會邀請環保署、行政院原民會、各縣市政府、農委會法規會、林業處、森林科、保育科、林務局等官方機關召開「研商實施全民造林相關疑義」會議，討論二項議案，1. 森林伐木後更新造林是否應辦理環境影響評估。2. 全民造林計畫實施相關疑義之探討。本次會議關於第一項之決議為：1. 林地開發利用，應不包括林地更新造林之林木砍伐作業。2. 未來將建議環保署修訂「開發行為應實施環境影響評估細目及範圍認定標準」第十六條內容，以更明確定義來加以規範。

四 2003-2004年，反全民造林第二波調查

屏東滿洲原生林的浩劫

文‧攝影

李根政
2003

經民間在 2003 年發動第一波反全民造林運動後，林盛豐政務委員主導了「造林面積減半」的政策，然而並沒有根本扭轉這項錯誤，2003 年八月，在滿洲當地人士的帶領下，筆者和台灣生態學會、高雄市教師會生態教育中心一行人，再度進行二個造林地之調查，除進行伐木之現況紀錄外，更由靜宜大學楊國禎教授設定樣區，進行原生植被和伐木、造林跡地之調查。

調查之結果，發現民間揭發之全民造林三部曲之惡行，仍然續存，僅火燒林地面積較小，而令人心痛的是，摧毀的林地已直指原生林。

其一位於屏東縣滿洲鄉長樂村小路溪上游的原住民保留地，去年十月間申請參與全民造林運動，結果高達十公頃以上的原生林闊葉林慘遭全面皆伐。其中數十棵樹徑在 100 公分左右的茄冬老樹及無數原生樹種慘遭刀斧；結果種上的是林務單

⬆ 伐木後的溪谷，土石崩解；而剛種下的耳莢相思樹小苗何以能擔起構地補天之重
責？(圖右前方之小苗)　　　　　　　　　　　　　　　　　　　　　　傅志男攝

▲ 溪谷兩旁的原生植被無論大小，全面砍除，包括楊國禎教授正在測量的這棵茄冬巨木，其直徑超過 130 公分。

▲ 全民造林運動再不停止，一棵棵老茄冬和千千萬萬的原生植被即將被砍伐！
　─滿洲小路溪上游

位規定的外來種小樹—檸檬桉、耳莢相思樹。經過數月，儘管次生樹種已開始構地補天，然而現場土石鬆脫、崩塌，溪溝沖蝕嚴重，大地哀嚎！

其二位於屏東牡丹鄉高士村八瑤段的原生林地，調查人員目睹正在進行伐木作業，開山挖路，現場橫屍遍野！然而，無力阻止此一殺戮戰場。

以下是摘要之整理：

一、滿洲原生林

屏東縣滿洲鄉九個厝段的原住民保留地，位於老佛山小路溪之上游。申請造林面積為 5.587 公頃 (附表1)，然而伐木面積估計在 10 公頃以上。

造林地海拔約在 250~300 公尺之間，原為原住民耕作之水稻田與溪溝原生林構成之梯田地形。稻田位於小路溪上游幾條溪溝之間的緩坡，未被砍伐的溪谷兩側保留著茂密的原生林。溪溝之森林，為恆春半島原生林中的骨幹植群，通常位於全年氣候潮溼、溫暖，土壤發育良好，海拔 300 公尺以下之中下坡溪谷，以榕樹、楠木、茄冬為主要組成。

(一) 茄冬原始林：根據當地居民表示，茄冬巨木至少被砍除四十幾棵，我們測量了其中六棵的巨木，在離地三十公分的位置，直徑從 76 公分至 130 公分不等，最大的一棵接近要三人合抱。然而被砍的不只是茄冬巨木，我們從現場各種樹頭的萌蘗枝條調查，直徑 30~70 公分左右的喬木，還有大葉楠 (50cm)、樹杞 (35cm)、山菜豆 (50cm)、白雞油 (40cm)、土楠 (50cm)、朴樹 (45cm)、澀葉榕 (70cm)、七里香 (30cm)、無患子 (70cm)、魚

附表 1：屏東縣滿洲鄉九十一年度原住民保留地新植造林戶暨檢測清冊

資料來源：滿洲鄉公所

編號	造林人姓名(略)	土地標示		面積[公頃]	實際造林面積[公頃]	樹種	檢測結果(鄉公所初檢)				
		地段	地號				造植日期	造植株數	檢測日期	成活率	是否合格
1		九個厝	712-0	0.445	未栽植原相思樹種				91.12.25		
2		九個厝	707-0	0.634	0.51	耳莢桉樹	91.8	760	91.12.25	85	是
3		九個厝	151-0	0.088	0.09	耳莢桉樹	91.8	135	91.12.25	85	是
4		九個厝	776-0	0.611	0.611	耳莢桉樹	91.8	900	91.12.25	90	是
5		九個厝	536-0	0.174	0.174	耳莢桉樹	91.8	250	91.12.25	80	是
6		九個厝	775-0	0.55	0.55	耳莢桉樹	91.8	250	91.12.25	80	是
7		九個厝	538-0	1.52	1.52	耳莢	91.8	2200	91.12.25	85	是
8		九個厝	535-0	0.721	0.721	耳莢桉樹	91.8	1000	91.12.25	80	是
9		九個厝	761-0	0.516	0.516	耳莢桉樹	91.8	760	91.12.25	85	是
10		九個厝	748-0	0.895	0.895	耳莢桉樹	91.8	1300	91.12.25	80	是
	小計			6.154	5.587						

木 (40cm)、？榕 (120cm，已死) 等；其他如九節木、山柚、玉山紫金牛、菲律賓饅頭果、九芎等則是廣泛分布，只是樹徑較小未特別紀錄，而已完全死亡的樹頭則尚無法辨識。總之，未砍伐之前應為原始林地。

我們所調查的六棵茄冬樹，樹徑分別為 84、111、90(樹頭和附近有焚燒過的痕跡)、105(旁有一棵月橘直徑30)、130、76 公分。大都位於溪溝旁，然本區域已經大規模整地，原地貌已完全改變，只能從現有地形研判。

在伐木跡地中，殘存一棵直徑約一公尺左右的茄冬樹，

附表2：一段被皆伐之溪谷，殘存可見之樹頭平面圖。

一、溪谷下切深度約在1公尺、寬度約在2公尺左右。多數為巨石。

二、白榕(1) 共有14個支柱根。

三、樹頭測量胸周者，標記數字如：糙葉榕 34；測量直徑者，標記為如魚木 37*39，單位為cm。

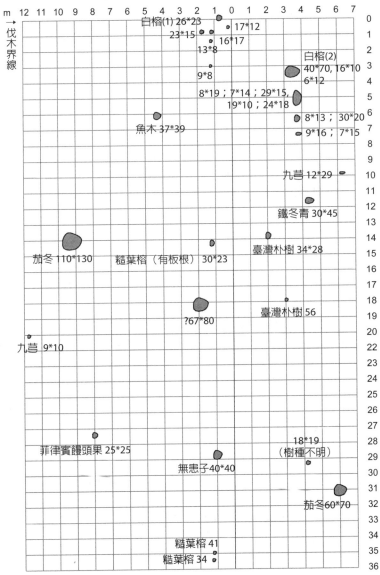

生長於小溪溝之源頭，其根源往下、往左右開展，盤根錯結，根系穩定的範圍超過 100 ㎡。

在一棵直徑 105 公分，被砍伐的茄冬巨木旁，巨石崩落、土石交錯橫疊，崩山的情形已是非常明顯，大雨一來，土石流不可避免，然而，在此破碎的溪溝中有二個巨型排水管。政府一邊在搞工程，從事水利建設，一邊卻在鼓勵人民砍大樹、種小樹，這荒謬的一幕，即是台灣政策的最佳寫照—破壞即建設、建設即破壞。沿著伐木後的溪溝，茄冬樹的小苗密密麻麻。

(二) 伐木後的溪谷：調查人員取樣一段伐木後的溪谷，在 36*21 公尺的範圍中，調查殘存的樹頭，其中茄冬樹留存之樹頭有二棵，樹徑分別是 60*70、100*130 公分；其他原生樹種如白榕、鐵冬青、無患子、菲律賓饅頭果、台灣朴樹、糙葉榕等，樹徑也都在 30～70 公分之間。由這些殘存的樹種，我們推估未被砍伐前的森林，正是以榕樹、楠木、茄冬為主要組成的原生林。(附表2)

(三) 造林樹種：毀掉原生林，種上的是間距 1.5 公尺，樹高 1~1.5 公尺，樹徑不到 1~2 公分的外來樹種—檸檬桉以及耳莢相思樹。

二、牡丹原生林

屏東縣牡丹鄉高士村八瑤段原住民保留地。伐木造林面積不詳。

(一) 地形及生態特性：伐木區位於港口溪的支流芭拉溪的上游，海拔大約 300 公尺。從新闢之林道兩旁，初勘的結果，

⬆ 牡丹鄉八瑤段的原住民保留地，為了造林，拓寬及新闢林道，所到之處，大地
一片光禿！

本區應為相思樹造林不成功後，經三十年左右次生演替後形成
之植被，其型態類似南仁山，應為恆春半島骨幹植群中之中上
坡植被。沿途紀錄其主要喬木計有大頭茶、假赤楊、杜英、山
刈葉、山黃麻、相思樹、苦楝、烏心石、高士佛赤楠、港口木
荷 (巴納嘎—排灣語)、江某、光臘樹、欖仁舅、香楠、鐵冬青、
白柏、水冬瓜、印度栲、恆春紅豆樹、魚木、刺杜密、九芎、
台灣石楠、水金京、台灣赤楠、猴歡喜、豬母乳 (大布榕)、咬
人狗等…樹種，其中大頭茶、港口木荷屬優勢種，估計樹種
應在 1、200 種左右。 整個植被之密度非常高，樹木多呈細長
形，藤本非常發達，其中以黃藤最為醒目。

↑ 八月一日，怪手和貨車正一面砍伐、整地，將一車車不值錢的木材搬出！留下的是破碎的大地。

(二) 伐木現場：為伐木及造林，業者除拓寬及新闢之林道寬度約 5~6 公尺，長達數公里，所經之處，原生林木橫屍遍野；而造林地仍是全面皆伐，調查當日，伐木作業仍在進行中，現場有怪手和貨車正在搬運。尚未進入造林階段。

三、造林業者

由於要造林一定要先伐木、整地 (有時會加上燒山)，然後再領取政府指定的苗木種植，要付出相當多的勞力，非得動用重

機械不可，如果是由個體戶以小面積操作，很可能利不及費。加以第一年的造林獎勵金為十萬元，誘因較高，如果以大面積施作，可在短期內獲利，因而，幾個主要的造林地區，便出現了專業從事造林的行業，當地人稱為造林販子，其身分背景不乏地方頭人。

以滿洲鄉長樂村九塊厝段這個案例而言，地主所擁有的個別面積在 0.5~1.5 公頃之間，九個地主加總面積是 5.587 公頃。其造林過程便是由造林販子向原住民地主一一遊說，然後集體作業。造林業者付出開路、整地、種小苗之成本，而地主則完全不必付出金錢和人力，獎勵金十萬中，造林業者拿八成，地主二成；或者以七、三比例分配；第二年以後之苗木照護、除草則由地主負責，到第七年，每年可領三萬；第八年至二十年則每年領取二萬元。這樣的收入，對於經濟相對弱勢的原住民形成一配合政策之誘因。造林販子則在此荒謬的政策下以伐木造林獲取利益。

總體而言，此一政策，完全獲利而不必擔付伐木負面效應，僅造林業者；短期受益，長期受害者則為原住民；而冤大頭則是全體納稅人，繳稅讓從上到下的林政官僚伐盡台灣的生機。

四、伐木效應

摧毀與原住民傳統耕作之維生體系： 被砍伐的原生林過去得以保存，除了溪溝太陡，無法耕作以外，應與水稻之種植有關，以恆春半島夏日常見的豪雨、冬季的落山風氣候特質，能在海拔 300 公尺左右種植水稻，所依賴正是森林所涵養的水

源以及阻擋強風。換句話說，森林的存在為水稻能否持續耕作的必要條件，毀掉森林等同於毀掉這裡的稻田，摧毀與原住民傳統耕作之維生體系。

摧毀水源：位於小路溪的上游為一集水區，滿洲鄉公所於此特別興建之蓄水設施，彙集溪水。正在全球氣候劇變，雨量分配不平均，全台籠罩缺水危機之際，砍伐上游的原生林，不啻是在自絕生路。

破壞水土：為了利於造林，開山挖路，林地採全面皆伐，現場土石沖刷嚴重。

低海拔原生林漸次滅絕：毀掉的原生林，正是台灣低地之桑科闊葉樹林，本林帶由於低地開發最早，加上政府在1965 年以來推動的「林相變更」、「林相更良」等政策，原始植被幾已蕩然無存，僅餘部分破碎林分，尤其茄冬林更為少見。全民造林運動相當於壓倒駱駝的最後一根稻草，幾乎剷除僅存的原生林。而高士村好不容易自然演替達三十年左右的原生林，又被全面砍除，明顯阻礙土地的生機。

在平地，茄冬巨木被奉為神明，立法保護；在山地，茄冬巨木卻在錯誤的政策下一棵棵倒下！林業單位為國土保安而推動的「全民造林」運動，如今淪為摧毀低海拔原生林的凶手。

作者時任台灣生態學會祕書長、高雄市教師會生態教育中心主任

五 林盛豐和游錫堃的決策

終結八年毀林政策

文

李根政
2004

⬆ 林盛豐政務委員(圖中穿白衣者)到滿洲,目睹伐木造林現狀。

林盛豐政務委員勘查滿洲全民造林林地

2003 年 5 月 18 日，林盛豐政務委員南下屏東縣滿洲鄉之全民造林林地，親眼目睹環保團體所指控的「砍大樹、種小樹」的荒謬政策。

然而，不可思議的是：參與會勘的林業學者即使到了現場，看到原生植被全面砍伐，地表裸露、嚴重沖刷，再種上外來種的桉樹、耳莢相思樹，仍極力狡辯，他們說出了許多"經典名言"：

1.「眼見不能為信，手摸不能為證。」今日所見不過是「瞎子摸象」罷了！現在看起來有錯，三十年後未必是錯。

2. 為了水土保持，我們常常需要砍森林、種森林，為什麼呢？因為森林要保持一個良好的覆蓋率，比較良好的立木蓄積，它才能發揮森林的真正功能。過去林務局也努力將比較不好的樹種慢慢的加以改良，讓它變成一個非常健康的森林。

3. 為了水源涵養，必需砍除雜木和藤本。

4. 我個人認為「全民造林運動」百分之百是對的！

另外，還有林務人員說：「我們不除舊怎麼佈新呢？」

上述舉例充分說明了林業界顛撲不破的「伐木營林」思維。

對此，林盛豐與林業學者進行激辯：他比喻說：「**我們今天花 10 塊錢來做這種破壞土地的造林，將來要付出的水土流失、公共工程等社會成本可能高達 30 元。**」而且並要求林務局提出落日方案，但農委會堅持再推動 3 年共 4,140 公頃的造林計畫。

⬆ 2003.12.23 中國時報

行政院長游錫堃下令終止全民造林政策

　　林盛豐勘查現場約二個月後，筆者接到行政院來電，游錫堃院長裁示要聽取「全民造林運動」的專案報告。

　　本會議原訂於 7 月 12 日舉行，然而在敏督利颱風造成嚴重災情後，行政院忙於處理救災事宜，故延至 7 月 15 日。

　　這場前後約一個多小時的會議，在早上 10:00 召開，首先由林務局報告，林務局在面對民間持續的挑戰和行政院的壓力下，由顏局長提出了林務局的落日方案，聲稱「經調查仍有裸露及崩塌地 837 公頃、廢果園地 277 公頃、伐木跡地 1,158 公頃、超限利用地 1,868 公頃，合計面積 4,140 公頃尚未造林，必須辦理。」因此，預計自 94 年度起至 96 年度止，再做 3 年才停止這項政策。

　　隨後，李根政則從屏東縣滿洲等造林地之實際案例，說

明全民造林之實施現況為「砍樹、毀林，放火燒山、引火整地，重新種小苗」的三部曲運動，嚴重危及國土保安，也就是政策結果與目的完全相反，同時批判林務單位以經濟林之作法推動這項國土保安計畫，建請行政院停止此一政策，重新研擬新世紀的山林政策。詳細建言為：

1. 已二度執政的民進黨政府，沒有必要再背負國民黨時代的錯誤政策，應讓「全民造林運動」走入歷史，追究相關人員責任，要求農委會提出新世紀的山林政策。

2. 新的山林政策，應擺脫數十年來經濟營林、人為整治等摧殘山林、阻礙土地生機的作法！以台灣數百萬年演化，自然演替之機制為基礎，釐訂不同的管理和施業政策。

3. 請把造林預算，移轉為收回超限利用、濫墾之林地。依其地況擬定不同的經營管理方案。

4. 保育、國土保安、林業經營應研擬不同的經營政策！進行林地之分類，凡劃歸保育、保安地範圍，不必進行任何人造林，讓本土物種自行演替，回復為天然林。因此崩塌地、廢耕果園不需人為造林！如果劃歸為經濟地，才可以進行生態綠化、林業生產等永續利用行為。經濟林地應位於「沒有水土流失疑慮」、「交通方便」、「土壤肥沃」等條件之區域。

5. 打破由林業官員、森林學界、造林業者長期壟斷的決策模式，納入生態、經濟、社會等領域之學者專家、民間團體的參與，讓山林政策的研擬更具公共性，以照顧更大、更長遠的公共利益。

筆者的簡報中呈現的照片和論述顯然得到游院長和多數與會者的認同。**游院長一開口就直截了當說：「林務局的政策真的有問題！」**這項政策明顯與國土保安背道而馳，要進行重

大改變才行。他看著林務局報告封面的肖楠造林地相片，有感而發的說，這樣的景觀也許在四十年前是成功的，但是如今考量經濟效益、社會成本等因素，則完全不划算，因此林業單位長期以「經濟營林為主的政策需要徹底改變」，另外附帶批判了退輔會所謂「森林一定要經營」的這套說法。

　　游院長以在宜蘭的經驗，舉了一個太平山造柳杉林的例子，說明在砍伐檜木林後，重新種的柳杉不如自然生的紅檜生長來得好，本土植物較能適應在地的氣候、土壤等條件，該是檜木的原鄉就不該以人工去種柳杉，當時如果不造林，那個地方將成為一片美林。因此，若是為國土保安、生物多樣性、崩塌地、廢耕果園、超限利用地、人造林地等應放任自然演替，無需人為干預。游院長清晰地指出，過去所謂的人工造林地，對土地復育也是一種干擾，未來都不應再撫育，應任由其自然演替，另外，更指示應研議明確劃分一定海拔高度等條件下，農業、造林等產業活動完全徹出。

　　游院長的認知和觀念，幾乎完全與民間長年訴求的「土地公比人會種樹」完全一致。
　　另外，對於部分原住民立委長期以來都把獎勵造林之經費視為「福利政策」，農委會李金龍主委則主動表示他願意處理這個問題。
　　綜觀整個會議中，游院長有關山林政策重要的談話計有：
　　1. 如果是為國土保安、生物多樣性，崩塌地、廢耕果園、超限利用地、人造林地等應放任自然演替，無需人為干預。
　　2. 過去所謂的人工造林地，對土地復育也是一種干擾，

未來都不應再撫育，應任由其自然演替。

3. 應明確劃分一定海拔高度等條件下，農業、造林等產業活動完全徹出。

4. 全民造林運動所有新植造林全面停止，進行專案檢討，研擬配套方案。

5. 山林政策應該改變過往「經濟營林」的政策，以國土保安、保育為國家主要目標，請林盛豐政務委員、經建會負責召集研擬「新世紀的山林政策」，置入國土復育小組的工作中，和國土復育特別條例一併討論。在考量林農、原住民生計，在社會、經濟等成本下，審慎研擬配套措施。

6. 新世紀山林政策之研擬應打破由林業官員、森林學界主導之決策模式，納入生態、經濟、社會等領域之學者、專家，以及民間團體之參與。

小結：

游院長的談話，如果真的能貫徹在往後的政策、預算的分配中，那麼將是國府繼 1991 年宣布全面禁伐天然林之後，最重大的山林政策改革，其影響將是深遠而巨大，對此，民間衷心期盼並將持續關注山林政策之改革及其相關議題。然而，長期主導「經濟營林」政策的林業界(官僚體系、森林學界、造林業者)，其反撲的效應，仍有待觀察；同時，新世紀的山林政策如何與七二水災後研擬的國土復育特別條例併同考量，而其實質計畫，包括山地的產業與人民生計問題，林務機關的業務調整，相關法律、行政命令的修訂、廢止、制定等，都是一個個的大工程，執政者能否以長遠的眼光，在對土地現實充分認知

的基礎上，研議可行措施，謀求朝野共識，依其輕重緩急持續的推動，為國家立下永世基業，仍有待考驗。

作者／地球公民基金會執行長，時任高雄市教師會生態教育中心主任

附錄 1. 行政院祕書長函

發文字號：院臺農字第 0930008752 號

文日期：九十四年七月三十日

院長聽取「全民造林運動實施計畫」簡報會議記錄

時間：93 年 7 月 15 日 (四) 上午十時整

院長提示：

一、為避免全民造林獎勵政策提供誘因，導致人民「砍大樹、種小樹」，宜回歸其自然演替，以天然更新方式復育山林資源，爰全民造林運動實施計畫之新植造林業務，自九十四年度起停辦，並妥為研擬相關配套措施；另請農委會從生態景觀及產業經濟觀點，積極推動平地景觀造林政策。

二、為落實國土保安，請林政務委員盛豐邀集經濟部、本院經建會、農委會、原民會等相關部會，成立跨部會之「七二水災災後重建小組」，就總體經濟、社會文化、生態保育及農民、原住民之補償機制等配套措施，研擬此次七二水災之重建政策，並一併提出新世紀山林政策。

主持人：游錫堃院長

出席者：行政院祕書長葉國興、政務委員林盛豐、經建會副主任張景森、農委會主委李金龍、原民會副主委浦忠成、高雄市教師會生態教育中心主任李根政、林務局長顏仁德、行政院第五組代組長傅安年

附錄 2. 2003～2004年護林記事

2003 年 7 月 23、24 日，李根政至屏東縣滿洲鄉進行訪調，由滿洲鄉民謝裕熙先生帶領前往小路溪上游進行林地調查，現場為去年伐木再造林之跡地，遺有直徑超過一公尺之茄冬樹頭數十棵。

2003 年 8 月 1 日，李根政、林岱瑾、蔡碧芝等人再度前往屏東縣滿洲鄉進行全民造林林地調查。

2003 年 8 月 12、13 日，靜宜大學生態所楊國禎教授偕同李根政、傅志男等人，至屏東縣滿洲鄉進行小路溪上游—九個厝段林地之植被調查。

2003 年 12 月 16 日，李根政帶中國時報記者高有志至滿洲小路溪上游—九個厝段林地進行拍照、現勘。

2003 年 12 月 23 日，中國時報刊登「砍大樹種小樹，全民造林作假」環保團體批政策錯誤，民眾為領獎勵金，多處上演荒謬劇，導致生態浩劫之報導。高有志寫特稿：釐清目的，落實把關；農委會則稱：適當伐疏不違國土保安目的。

2004 年 1 月 16 日，因應台灣生態學會於中國時報揭發之砍大樹種小樹報導，林盛豐政務委員再邀李根政參與行政院國家永續發展委員會—國土資源工作分組召開第十次分組會議，討論有關「造林及伐木現勘計畫及監督機制規劃構想」。民間再提停止全民造林運動錯誤政策、林地分類之訴求；當局則以預算已編列，將檢討造林及伐木機制，避免再發生砍大樹種小樹之情事。會議之決議，1. 有關造林及伐木監督機制，請農委會就目前規劃之監督機制構想，儘速邀請地方政府共同開會討論確認是否可以操作。2. 有關現勘相關作業，請農委會林務局辦理，邀請本工作分組委員、民間團體及專家學者，於二月底以後安排現勘，時間原則上訂於星期一，由李根政老師提供屏東縣現勘地點，同時並邀請當地政府業務執行單位討論監督機制是否可落實。

2004 年 5 月 18 日，李根政陪同林盛豐政務委員等人至滿洲小路溪造林地現場勘查。

2004 年 6 月 21 日，李根政參與農委會召開全民造林落日條款研議會議，本會議由副主委戴振耀主持，出席者計有林政官員、林業學者、造林業者數十人，而環保團體代表僅李根政一人。

2004 年 7 月 15 日，行政院游錫堃院長聽取林務局辦理「全民造林運動」簡報，李根政則於會中報告民間觀點與建言，會中游院長指示 94 年度起停止全民造林運動之新植造林。

以減碳為名的毀林政策

(瑞穗林道的伐木和造林)

馬政權借屍還魂

文

李根政
楊俊朗

2009

　　1998～2004 年推動的「全民造林」運動，推估毀林超過三萬公頃。此一荒謬政策，在環保團體的揭露、痛批之下，2004 年前行政院游錫堃院長終於下令終止。然而，2008 年農委會為推動馬英九總統愛台十二項建設中的將造林計畫，竟又推出「獎勵輔導造林辦法」①，鼓勵山坡地和原住民保留地造林，每公頃 20 年補助 60 萬元，該辦法中，不僅無法防範「砍大樹、種小苗」，更未釐清造林的目標是治山防洪、經濟營林或減碳？

　　地球公民基金會知道了這項政策，隨即透過田秋堇立委與林務局顏仁德局長會面，要求不能重蹈覆轍。然而，林務局在沒有修正任何配套辦法下，還是強行推動了，因此，2009 年我們展開了森林調查，陸續揭露了花蓮及苗栗地區砍大樹、

---

① 「獎勵輔導造林辦法」請參考全國法規資料庫 http://law.moj.gov.tw/

種小樹的真相！

2009 年 7 月 1 日，我和楊俊朗先生從高雄開了近 6 小時的車，到達了瑞穗和義工潘老師夫婦會合後，轉乘四輪傳動車，越過了一個原本是道路的溪床，開始沿著林道往上走。

我們勘查了花蓮瑞穗林道造林情形，結果發現：瑞穗林道沿線為執行造林工作，伐木情形十分嚴重，以下是勘查的結果。

↑ 開路、砍樹把原生的殼斗科樹木砍除 (花蓮·瑞穗林道，2009)

⬆⬇ 滿山遍野噴灑殺草劑省得除草，這種殺草劑叫「世界春」，噴灑後大地是一片死寂！

一、瑞穗林道7k-8k伐木後，新植楓香、陰香約4公頃。陰香為外來種，林務局在921地震後從中國引入苗木，混充台灣土肉桂於全台造林，由於適應力極佳，極可能嚴重危害本地生態。

二、林道9.5k叉路左轉處，伐木後新造林約2公頃，植栽為櫸木、山櫻花、無患子、榔榆等。

三、林道10k附近一株細刺栲胸周7公尺，樹冠10公尺×10公尺，附生植物有台灣石葦、水龍骨科、書帶蕨、青棉花、台灣厚距花，樹冠下以除草劑除草並新植櫸木38棵，在

大樹下種植櫸木，遠超過正常的密度 2-3 倍，有應付灌水之嫌，而且大樹下樹苗也不易存活。

　　四、林道 10k 以上，原有數公頃以殼斗科樹木為主的原生林，樹種計有細刺栲、短尾葉石櫟、長葉木薑子、台東石櫟等，被砍伐的樹頭直徑約 15-25 公分之間(整林砍除或三幹留一幹，五幹留一幹)，伐木後，噴「世界春」殺草劑，後種植楓香、無患子小苗，根據殘留樹頭判斷，疏伐時間不超過一個月。在原本潮溼的地區種上適合乾旱區的楓香和無患子，更戳破了林務局所謂「適地適種」的造林口號。

　　五、林道 14k 為花蓮林區管理處玉里事業區第 27 林班，97 年度造林預定案第 19、20 號實行造林面積 50.5 公頃，現場看到的作業是：疏伐柳杉、集材及割草撫育，疏伐區塊長約 10 公尺寬約 30 公尺，間隔 7 公尺，再疏伐區塊長約 10 公尺寬

↑ 瑞穗林道

約 30 公尺。當日在林道並目睹兩輛柳杉運材車下山，還有一堆砍伐後的柳杉約 200 根打編號並堆置在現場。

全盤皆輸的「獎勵輔導造林辦法」

在花蓮瑞穗林道，我們發現了「砍大樹、噴除草劑、種小苗」的現況，據林務局資料顯示：瑞穗林道的造林面積為 134.15 公頃，2008 年全國獎勵輔導造林面積為 560 公頃，這就是馬英九總統宣稱：造林六萬公頃減少碳排放的政策。

事實上，台灣的山林顯少有空白地可以符合「京都議定書」制定的「清潔發展機制」規範的「造林與再造林方法學」(附錄一) 的第二項條件，「造林的土地，在造林活動前至少 50 年處於無林狀態」；同時「獎勵輔導造林辦法」僅考慮造林存活率做為獎勵金給付的判斷標準，缺乏類似「造林與再造林方法學」的嚴謹計算與執行機制，例如，以航照圖或衛星照片證明，造林前該土地處於無林狀態。

從瑞穗林道的案例可以知道：鬆散、荒謬的「獎勵輔導造林辦法」，難以避免重蹈全民造林覆轍，導致政府花大錢，鼓勵林農砍伐原有林木改種小樹苗，不僅破壞生態又與國際規範 (「京都議定書」的造林規範) 嚴重背離，可以說是全盤皆輸。

作者／李根政・地球公民基金會執行長
楊俊朗・地球公民基金會研究員

附錄 1. 「京都議定書」制定的「清潔發展機制」規範的「造林與再造林方法學」

(PROCEDURES TO DEMONSTRATE THE ELIGIBILITY OF LANDS FORAFFORESTATION AND REFORESTATION PROJECT ACTIVITIES (VERSION 02))(資料來源：聯合國氣候變化綱要公約網站)

參加造林與再造林的專案必須符合底下三項條件：

第一項條件，明確證明該土地在造林與再造林活動前不得是森林，判斷條件有四項：

1. 土地上現有木質植被高度低於森林樹冠層。
2. 土地上不被有機會自然演替為森林的新生植栽所覆蓋。
3. 土地不是被暫時釋出，釋出時間長度必須與當地政府一般林業操作實務一致。例如：直接人為介入的輪伐期或者間接天然因素，火災、虫害等。
4. 因為環境因素、人為壓力或缺乏種子來源，阻礙大規模植物入侵或自然林新生。

第二項條件，判斷該活動是造林或再造林的條件：

1. 再造林的土地，是指在 1989 年 12 月 31 日之後該土地符合上述四個條件。
2. 造林的土地，在造林活動前至少 50 年處於無林狀態，而且必須舉證最少四次，該土地造林活動開始前 50 年期間植被情況，例如，造林活動開始前的第 10 年、第 20 年、第 40 年、第 50 年植被情況。

第三項條件，為證明符合前兩項條件，必須提供最少下列一種可供清楚驗證的資料：

1. 有地面參考點的航照圖或衛星照片。
2. 有土地使用或土地覆蓋資料的地圖或數位空間資料。
3. 土地地籍資料調查表。

七

苗栗山林的呼喚

文

李根政

2010

↑ 2009.5.18 李根政攝於 130 號縣道

　　無用之用 -- 山黃麻林：多山的苗栗，因為頻繁的伐木、造林，很少看到美麗的天然林，130 號縣道大湖、三義鄉鎮界限往西約 1 公里處，縣道兩側次生林 (估計自然復育15年) 林相完整優美。楊國禎副教授說明，由於瓦斯取代薪柴，讓這裡得以自然演替為次生林，這片森林裡主要的植物是山黃麻、白匏子、江某、香楠、台灣山桂花、九節木、月桃、菲律賓金狗毛蕨等，還可以聽到竹雞、小彎嘴畫眉、五色鳥、樹鵲的叫聲。這片次生林維持了生物多樣性，多層次的植被也保護了水土。但是，許多林業人員從木材利用的角度來看，聲稱：這樣的森林一點價值也沒有。

　　因為調查造林和伐木養菇的議題，我們把目光投向了苗栗這個多山的地區。

　　苗栗有全台灣數量最多的碎木工廠，伐木商皆伐山坡地上的森林，再由碎木工廠將木頭粉碎為木屑，源源不絕的送到製包廠做成太空包，供應養菇業者，我們估計苗栗每年的伐木面積可能高達數百公頃；同時，這裡是 2008～2009 年全台灣申請造林面積第二名的縣市 (45公頃)，絕大多是地主先將森林賣給伐木商，全面皆伐後再向政府申請獎勵造林。

　　2009 年，我們前後跑了四趟苗栗，看了許多伐木造林地，即便行車過程也隨處可見新鮮的伐木區和伐木後形成的草生地。2009 年 5 月，邀請植物生態學者楊國禎副教授前往苗栗通霄、苑裡、銅鑼、泰安一帶勘查，車行約 200 公里，勘查了數個伐木造林跡地。楊教授有一個概要的觀察：「沿途沒有一片超過 30 年的森林。」除了農耕地外，絕大部分地區的植被是相思林、造林地、桂竹林與伐木後形成的芒草地，僅有極少數的次生林，這是個頻繁翻土、擾動的不安土地。

以下分享通霄鎮二個造林案例，從中探討現今山林問題。

　　福龍里北勢窩段。該地主為「○○祭祀公業」，面積約7.5 公頃的土地，屬山坡地保育區中的農牧用地，山體呈現一個ㄇ字形，坡度約在 20-40 度不等，原本是一片相思樹林，2008 年伐木後形成草生地，部分為小花蔓澤蘭覆蓋。伐木後地主向縣府林務科申請獎勵造林，林務科現勘後認定此造林前地況為「草生地，部分桂竹及小花蔓澤蘭」，於是核准其造林，提供的苗木是茄冬及櫸木，業主為了怕雜草叢生影響苗木生長，把殘存樹頭弄死 (現場有些焚燒樹頭痕跡)，甚至雇工噴灑殺草劑「巴拉刈」。此舉其實非常費工、花錢，顯見業者非常努力的想要照顧好苗木。

　　經過這一番努力，廣大的林地上絕大部分是裸露地、焦黑的枯草，還有局部的崩塌，現場可說是慘不忍睹。

　　相較之下，陵線西側未實施伐木、造林的地區，相思樹高約 10 公尺密佈成林，對比非常強烈。

　　去年冬至 (12月22日) 那天，偕同田秋堇立委和林務局人員等到苗栗通宵勘查林地，一下車映入眼簾的是另外三片造林地，照片中的左側那片裸露地是櫸木造林地，遠處的那片是苦楝造林地，前方及右側的也是苦楝造林地，原是相思樹林。根據現場遺留的樹頭及新竹縣林務人員的解說，這些原來都是相思林，經全面皆伐後進行整地，屬 2009 年核准的造林案 (如表1)，獎勵造林政策更已形成農牧用大規模伐木的誘因。

　　從照片中可以看得出來，坡度很陡，現場量測右邊的林地，坡度約在 35 度左右，這樣大規模的伐木、整地，竟然都不需要任何申請，實在令人匪夷所思，也難怪要土石橫流了。

↑↓ 通宵鎮北勢窩段某祭祠公業造林地 (2009.11.19李根政攝)

表一、通霄鎮北勢窩段 2009 年核准造林地，苗栗縣政府提供。

地段	地號	造林面積 (公頃)	樹種	備註
通霄鎮北勢窩	797	1.35	烏心石、櫸木、無患子	農牧用地
通霄鎮北勢窩	801-1、776	0.9	苦楝、櫸木、無患子	農牧用地
通霄鎮北勢窩	777	0.4	苦楝	農牧用地

↑ 通宵鎮北勢窩段三個造林地 (2009.12.22李根政攝)

山坡地保育三不管

上述的土地都屬山坡地保育區農牧用地，為什麼山坡地保育區可以允許全面皆伐森林、整地、開路、造林？

以 10 至 20 年為週期，頻繁的伐木、整地、造林，珍貴的表土流失非常驚人，長期下來必然導致土壤益加貧瘠，有些地方則會產生較大的崩塌，如果加上極端氣候、暴雨等因素，將來難免會產生大災難。

當我們揭露了苗栗地區的伐木造林案，林務局聲稱，農

牧用地的伐木行為，他們管不著。然而，林務局該管的是「森林」本身，而不在使用地別，該局顯然是刻意的限縮解釋了森林法。

再者，依水土保持法第 9 條、第 12 條之規定，農牧用地之經營或使用應實施水土保持之處理與維護：水土保持義務人應先擬具水土保持計畫送請主管機關審核後實施。

在農牧用地上的伐木造林活動必然涉及「修築農路」或「整坡作業」，農委會水土保持局和地方政府實屬責無旁貸。然而，長期以來，水土保持局忙著自己做工程，根本不管制山坡地的伐木造林活動，許多地方政府也長期怠忽職守，或迫於民眾、民代壓力，執法寬鬆。

據了解，在苗栗地區一公頃的森林賣給伐木業者，價值只有 3 萬元左右，相當於上班族一個月的薪水，而這一公頃的森林，大約有數百至上千棵的樹木，需十至數十年方能長成。農林產品與工商所得的巨大落差，益加凸顯了農林從事者的經濟弱勢，如果國家真的重視山林保育，不可能拿不出錢來保護森林，給與農民限制伐木的合理補償。

台灣對工業部門的補貼、道路等公共工程出手闊綽，例如，政府為開發科學園區至少已貸款 1500 億以上，蘇花改預估要花 400 億，國道七號要花 660 億……，但是，保護森林免於被砍伐就拿不出錢來？

作者／地球公民基金會執行長

八

2009-2010年
護林行動記事

文

李根政
楊俊朗

↑ 2009 年 10 月 1 日記者會（王敏玲攝）

　　2008 年底，本會看到現行荒謬、鬆散的「獎勵輔導造林辦法」，是導致先伐木再造林得以合法作業的根據，因此與林務局展開協商，先是電話溝通，接著於 2009 年 1 月 9 日在田秋堇立委的安排下，與林務局顏仁德局長和徐政競組長交換意見，會中林務局承諾邀集民間團體，共商訂定嚴謹的標準作業程序，防範先砍樹後種樹的離譜行徑。事隔多月林務局未曾主動通知標準作業程序討論會議時間，多次追問之下才回應「獎勵輔導造林辦法」剛頒定執行，短期內不打算修正。更令人吃驚的是林務局於 99 年度 (2010) 預算書中加碼造林面積為 700 公頃，如此忽視立法委員與民間團體的建議與監督，實教人無法接受。

　　2009 年 7 月 1 日，為了揭露此一荒謬政策，地球公民基金會進行了花蓮瑞穗林道的造林調查。

　　2009 年 10 月 1 日，地球公民基金會與田秋堇立法委員、蠻野心足生態協會、主婦聯盟環境保護基金會、荒野保護協會、綠黨、中華民國野鳥學會等團體，於立法院舉辦記者會揭露瑞穗林道假造林真伐木的事實，要求立即停止「獎勵輔導造林辦法」，避免台灣山林遭受無辜的破壞，隔日，媒體相繼報導，但是林務局無視現場勘查的鐵證，一口否認假造林真伐木的事實。

　　2009 年 10 月 13 日，民間團體偕同田秋堇立委拜會了監察院黃煌雄委員，要求調查造林是否符合國土保安與減碳目標，令人欣慰的是，監察院已接受了這項陳情案。同時，正值立法院審議中央政府總預算期間，我們遊說立法院刪除林務局的造林預算，希望能終止這項全盤皆輸的「獎勵輔導造林辦法」。

　　2009 年 11 月 19 日，由於無法改變林務局的造林計畫，地球公民基金會乃根據林務局已通過之造林案件地號，選取申請

面積較大的個案進行現況調查，最後選定了苗栗。

2009 年 11 月 25 日地球公民基金會與田秋堇立法委員、綠黨、荒野保護協會、台灣蠻野心足生態協會等綠色環保團體召開記者會，再次揭露假造林真造孽的真相。記者會後，接著與林務局顏仁德局長、造林生產組徐政競組長進行協商，達成了修改「獎勵輔導造林辦法」，檢討加嚴審核機制，確保假造林、真伐木的行徑不再發生後，再解凍 2010 年度新植獎勵造林預算的共識。

2010 年 1 月，地球公民基金會整理苗栗縣伐木情形相關文圖資料提送監察院，作為調查瑞穗林道伐木案的補充證據；監察院受理陳情並由黃煌雄、楊美玲兩位委員親臨苗栗縣與瑞穗林道現場履勘。

2010 年 2 月 25 日，因本會行文苗栗地檢署，請求調查林務局、苗栗縣政府、造橋鄉公所與通霄鎮公所「假造林、真伐木」是否涉及不法，於是日開庭調查。

2010 年 2 月，在田秋堇委員助理林姵君的幫忙下，共有潘孟安、陳啟昱、蘇震清、田秋堇等立法委員提案、連署，於行政院預算審查結果，通過主決議文凍結新植造林 700 公頃獎補助費 1 億 1700 萬元四分之一，並要求林務局邀集民間環保團體共商修改、增訂「許可獎勵造林審查要點」後，再予解凍。

2010 年 7 月 15 日，農委會公告「獎勵造林審查要點 -- 農林務字第 0991741155 號令」，當中有四項突破，1. 明訂「實施造林土地有天然次生林應予以保留，違反者不予審核 (獎勵造林)」；2. 明訂「主管機關應於核准文件中載明造林期間不得使用除草劑或其他有害環境之藥物」；3. 明訂「實施造林之土地面積在五公頃以上者，主管機關應成立諮詢小組，辦理現

勘，…諮詢小組由專家學者二人至三人、具公信力之環保團體代表二人至三人及主管機關代表一人至三人共同組成。…」；
4.將「衛星影像或航空照片」列入審核的必要條件，防堵地主先砍樹再申請造林。

　　由於地球公民基金會的持續努力，已經在造林政策取得重大突破，但是唯有持續監督「許可獎勵造林審查要點」後續執行情形，才能確保政策執行無誤。

作者／李根政‧地球公民基金會執行長
楊俊朗‧地球公民基金會研究員

九 台灣伐木養菇調查報告(摘要版)

台灣一年
吃掉多少森林？

文

地球公民
基金會

　　台灣人愛吃菇，舉凡香菇、金針菇到時下最夯的杏鮑菇、美白菇，無不一一成為講求養生健康者的桌上佳餚。然而，您知道我們吃的各種菇類從那裡來嗎？答案是森林！因為養菇前必須先伐木！

年砍88座大安森林公園來養菇

　　台灣栽培的食用菇蕈類中，除了洋菇與草菇是以稻草為栽培基質之外，其餘菇類都需要以木屑當做主要營養來源。養菇業者將菇類種植在混有木屑 (75%) 及輔料 (25%) 的太空包中栽培管理。根據農委會農業試驗所菇類研究室的估計，全台太空包使用量約 47,300 萬包，其中木屑所佔比例極高，因此必須大量砍伐木材，才能獲取足夠的木屑。

　　本會從 2008 年 8 月起，在全台灣主要伐木、碎木工廠、養菇區歷經半年多來的調查發現，台灣每年養菇業所需的木屑量高達 35 萬 4,740 公噸，依業界的經驗，砍伐 1 公頃平均可得 150 公噸木材，我們推估為了供應養菇業所需的木屑，一年伐木面積約達 2,300 公頃，相當於 2 座高雄的柴山，或 88 個台北市的大安森林公園，而伐木量最多的是苗栗、台東、新竹等地區。

　　木材之取得包含四種途徑：

　　第一種是經合法申請的「林地」採伐，面積約有 500-700 公頃，其中約 200-300 公頃係供應養菇業；

　　第二種來自不需經過伐木申請評估的原住民保留地農牧用地；

　　第三種取自工業園區、科學園區、高速鐵路、高爾夫球場等開發案整地過程中所提供的樹木；最後一種則是「盜伐」。

　　這 2,300 公頃中，經合法申請在案者不超過 300 公頃，換句話說，每年約 2,000 公頃的森林砍伐未經任何申請和評估，這表示，台灣為了養菇而進行的大規模伐木行為，幾乎處於無政府狀態！

伐木養菇的代價全民買單

　　這些為了養菇而砍伐的森林，大多是重新復育數十年的次生林，伐木商甚至表示其中有少部分是原始林。不管是林地或農牧用地的森林，大多是地處偏遠、沒有既成道路的山區，因此，伐木之前必須先開路整地、清除地表植被，以供怪

手、搬運車等載具進出。倘若伐木位置陡峭且距離既有林道遙遠，新闢林道將會在山坡上呈「之」字型蔓延達數百公尺，形同對山坡地的凌遲。伐木商通常會將整片山頭的森林全面皆伐，僅留下樹頭與光禿的山野，對比伐木前蔥蔥鬱鬱的多層次次生林，令人不勝唏噓。無論開路或伐木過程，都會導致地表嚴重裸露、土石乾燥鬆動、破壞水土保持，埋下各地山區土石流災難的根源。

↑一片片森林毀在養菇業的木屑需求。

再者，許多研究顯示次生林可以保有較佳的鳥類多樣性。美國康乃迪克大學生態學與演化學教授 Robin Chazdon 呼籲大家，重視次生林是僅次於原始林與河岸的保育重點；國內亦有研究指出次生林不論在繁殖季或非繁殖季，其所蘊藏鳥類的歧異度、豐富度、總密度都比柳杉林高。不幸的是，養菇伐木使次生林面積減少、次生林無法自然演替為原始林，危及生物多樣性。

若根據林務局的資料來換算，養菇一年砍伐 2,367 公頃林木，將導致每年減少吸收 8.8 萬公噸的二氧化碳，減少釋出 6.6 萬公噸的氧氣，減少涵養 473.4 萬立方公尺的水資源，換算為經濟損失至少達 8.8 億元。不過，台灣每年因為土石流失所造成的人命和經濟損失非常驚人，加上低海拔次生林生物多樣性

⬆⬇ 綿延數百公尺的「之」字形林道將森林帶走了,然後運送到碎木工廠。

受衝擊，每片砍伐跡地至少需花費十年以上才能恢復部分生態，倘若將這些外部環境成本全部加總起來，粗估伐木養菇真正的代價將遠遠超過8.8億元，且全部由台灣人民共同買單。

山區農牧用地是國土保安的大漏洞

由於主管機關農委會認定「農牧用地」不受「林地」相關法規管制，所以未要求各縣市政府進行伐木管制與統計，如此一來，形成極大的國土保安漏洞。這些在山坡地上的農牧用地通常因坡度陡峭而廢耕，逐漸發展成覆被良好的森林，形成很重要的維生系統與生物棲息地，對於水土保持、水源涵養，更是效益卓著。然而，在伐木商的遊說鼓吹下，許多地主以非常低廉的價格 (平均每公頃2～4萬元) 將樹木賣給伐木商。以此金額推估，不用花100萬，就可以砍光一整座台北大安森林公園 (27公頃) 或高雄美術館公園 (40公頃) 的樹木！

此外，1997年至2004年間政府推出『全民造林運動』，以及2008年公告『獎勵輔導造林辦法』，都將原住民保留地的「農牧用地」納入獎勵造林的範圍。對地主來說，變賣或砍伐原有樹木後再重新造林，可以先賣木材賺一小筆，再獲得政府獎勵金，何樂而不為呢？

與其「造林」不如「限制伐木」

過去，山坡地造林曾衍生「砍大樹、種小樹」之弊端，如今，中央政府為兌現馬總統競選政見「愛台12建設」的第

⬆ 碎木工廠將樹幹絞碎，接著製成太空包。

八項建設，推動全台灣的平地造林 (農委會決定8年內平地造林6萬公頃，2009年先投注28億元實施造林補貼，以每公頃60萬元獎勵林農造林，預計執行平地造林4,250公頃及山坡地造林500公頃，合計全台將造林4,750公頃)，卻無視於 2005 年草率的全民造林政策被環保團體攔阻後，迄今林務單位尚未制定相關防範、管理辦法，不禁令人高度懷疑此番擴大造林政策的成效，也為過去的山林浩劫是否將重演，捏一把冷汗！

　　反觀屏東縣政府為了保護山坡地、且兼顧地主的權益，實施「限制伐木補償辦法」。參加的地主與縣政府約定好十年內不砍樹，然後依材積而異，可以領取每公頃 3~6 萬元不等的補償金，這比起將樹木賣給伐木商的價錢更好！另一個經濟誘

因是，十年限制期滿後，土地上的樹木所有權還是歸地主所有。因此，以一個地方政府有限的經費，居然總共只花費396萬，就保護了73公頃已存在數十年之久的森林。這項政策所需經費僅造林獎勵金的 1/5 至 1/10，不僅效益更高，也更能照顧到原住民或林農的經濟。

然而，自屏東縣政府實施此辦法後，屏東地區碎木商抱怨當地樹木取得困難，乃轉向台東地區下手，如此對台灣整體山林的衝擊並沒有降低，只是原本被砍伐的山林從屏東轉移到台東。為了解決挖東牆補西牆的問題，有必要由中央政府制定「限制伐木」政策，並在全台推動。無獨有偶，國際上也已經有類似「限制伐木」的機制在形成中，例如：「避免開發中國家毀林」(REDD. Reduce Emissions from Deforestation in Developing Countries) 便是「氣候變遷綱要公約」第 13 次締約國大會達成的

↑ 百年斧鋸向山林，已讓我們付出慘痛代價！何時可讓山林休養生息？

「峇里行動計畫」中一項重要決議，顯見森林的保護與砍伐行為的規範是世界各國共同的目標，台灣政府又如何能自外於此呢？

我們的主張

1. 中央政府應儘速、全面推動「限制伐木補償政策」

地球公民協會估計，以 2,300 公頃、每公頃每十年 3~6 萬元計，只要 7,000 萬至 1 億 4 千萬台幣就可以保護 88 個大安森林公園十年，相信這是中央政府能夠負擔、也值得投資的。如果政府反應仍如牛步，民間不排除發起森林認養運動，每年只要花 3,000~6,000 元，即可保護一公頃的森林。

2. 加強農牧用地之管理

(1)檢討農牧用地之編定：將許多位於陡峭山地、不適於現代農業和林業經營的農牧用地重新檢討為保安林地，但需建立配套的地主補償機制。

(2)修改「森林法」第 3 條：將有接受「全民造林」或「獎勵輔導造林辦法」補助事實之土地納入「森林法」管理範疇。

3. 儘速推動認證合法伐木、杜絕盜伐

政府應確認與稽核，要求碎木工廠只可收受經核准採運的伐木；再者，說服太空包製造業者只向通過認證的碎木工廠購買木屑；最後，說服或教育消費者辨識及購買符合認證的菇類產品，向盜伐說 NO。

4. 研發木屑替代品，提升菇蕈類生物效率

根據農試所的研究，如使用蔗渣取代三分之二的木屑來栽培秀珍菇或珊瑚菇，產量將提高百分之三十。如果政府能投入經費人力研發木屑替代品、提升菇蕈類生物效率，不僅可以有效減少木屑需求以及伐木量，同時或可降低養菇產業之成本。再者，若能重複使用太空包舊基質，則僅需添加部份新木屑，亦可降低木屑需求。

5. 民眾食用菇蕈類應適量

消費者適量食用菇蕈類，或者食用洋菇、草菇等使用發酵稻草當資材，不需要伐木養菇之菇類。另外，也可以支持環保團體，給與政府壓力，改變森林政策，讓保護現有森林之預算優先於造林，同時支持木屑替代品的研究，讓養菇產業減少對森林的依賴，甚至無需伐木也能養菇。

結語

揭露伐木養菇問題絕非意圖打擊台灣養菇產業，是為呼籲政府和社會共同面對此問題，並從政策面、生產面、消費面改變。或許食菇無罪、養菇無罪，但是當生產和消費過程已明顯付出嚴重的環境代價時，是否應修正產業和消費的型態，盡可能減少對山林地的破壞？此外，本報告也揭露政府在山林治理上的重大漏洞，極需相關部會的積極回應，期望創造出台灣山林水土、養菇產業與消費者三贏的可能！本會將持續追蹤本案之後續發展。

303

說明與致謝

　　從 2008 年 8 月至 2009 年 2 月共六個月的時間，本會實地訪查了養菇產業從上游到下游之生產過程，與中央及地方主管林地伐採之政府官員電話訪問，或行文取得政府資訊，並蒐集與整理相關文獻。雖然受限於政府資訊不充分，協會有限之人力資源，關於伐木的情形未能全面調查，部分細節也未能詳盡追蹤分析，然而，基於倡議本議題之急迫性，乃於 2009 年 3 月 11 日將調查結果公諸社會。

　　感謝屏東縣政府協助本會了解伐木流程；農委會農業試驗研究所菇類研究室、台灣菇類發展協會、農糧署企劃組、環保署綜合計畫處、林務局造林生產組、森林警察戴志強先生、產業鏈相關業者接受訪談；各縣市政府林務課人員、原住民民族委員會等提供書面資料。更感謝詹順貴律師、楊國禎副教授幫忙審閱，讓本報告更趨嚴謹。

　　本調查工作之進行，主要由本會執行長李根政策劃，楊俊朗研究員執行，袁庭堯、何俊彥等義工協助拍照、錄影；文稿撰寫、影片後製、公諸社會等工作，則是在李根政、楊俊朗、王敏玲、蔡卉荀、薛淑文、楊馥慈等人之協力下完成。這是地球公民基金會首度在處理即時議題的同時，進行較長期的調查工作，報告雖未臻完美，但我們會繼續努力！(完整報告請參閱協會網站http://www.cet-taiwan.org/node/464；觀看影片 http://www.cet-taiwan.org/node/466。)

國家圖書館出版品預行編目資料

山災地變人造孽／陳玉峯・李根政・楊俊朗・楊國禎
著；-- 初版-- 臺北市：前衛，2012.08
336面，15×21公分
ISBN 978-957-801-693-4（平裝）

1. 土石流　2. 環境保護　3. 文集

434.27307　　　　　　　　　　101014650

山災地變人造孽

策　　劃　台灣生態研究中心・山林書院
著　　者　陳玉峯(玄奘大學宗教學系客座教授)
　　　　　李根政(地球公民基金會執行長)
　　　　　楊俊朗(地球公民基金會研究員)
　　　　　楊國禎(靜宜大學生態學系副教授)
攝　　影　陳玉峯・地球公民基金會提供
責任編輯　林一筆
美術編輯　Nico
出 版 者　台灣本鋪：前衛出版社
　　　　　10468台北市中山區農安街153號4樓之3
　　　　　Tel：02-25865708　Fax：02-25863758
　　　　　日本本鋪：黃文雄事務所
　　　　　e-mail：humiozimu@hotmail.com
　　　　　〒160-0008日本東京都新宿區三榮町9番地
　　　　　Tel：03-33564717　Fax：03-33554186
出版總監　林文欽　黃文雄
法律顧問　南國春秋法律事務所林峰正律師
出版日期　2012年8月初版第一刷
總 經 銷　紅螞蟻圖書有限公司
　　　　　台北市內湖舊宗路二段121巷28.32號4樓
　　　　　Tel：02-27953656　Fax：02-27954100
定　　價　新台幣350元

※「前衛本土網」http://
www.avanguard.com.

※「前衛出版社部落格」
http://avanguardbook
pixnet.net/blog

⊙更多書籍、活動資訊請上
輸入關鍵字「前衛出版」
「草根出版」。

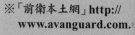